U0251188

海峡出版发行集团 | 福建科学技术出版社
THE STRAITS PUBLISHING & DISTRIBUTING GROUP | FUJIAN SCIENCE & TECHNOLOGY PUBLISHING HOUSE

自　序

猫咪经常是对的

我是一个喜欢小动物的人，因缘际会养了第一只猫“NN”，当时它才两个多月。养猫之后，我最大的疑惑是，每天下班除了发现猫咪又长大了一点之外，好像没看过它睡觉。又或者是我工作太累，前一秒才看到NN在沙发旁，下一秒就发现它已经出现在我眼前……是我眼花，还是猫真的会瞬间移动？

刚养猫的我当时还只是个跑动物医院的保健食品业务员。但奇怪的是，与兽医们谈起NN时，对于我提出20个疑问，却能得到兽医师们30种不同的答案。到底谁对谁错，或许大家都对？这真令人困扰。作为饲主，我想知道NN到底快不快乐，需要什么，为什么出现这样或那样的行为。于是我开始踏上寻找答案的道路。

自从成为行为训练师，协助饲主处理一些猫咪的行为问题后，我发现，大多数猫咪其实本身并没有问题，而是因为主人不了解而产生错误认知，在事发当下做出了错误的回应，或者猫咪的基本生活需求不被满足，因此长期累积形成问题。更确切地说，其实猫咪的行为是在反应它遭遇的问题，而人们却经常误以为是猫咪制造了问题。

养猫理应是一件既怡悦又轻松的事，若想改变相处上的窘境，请先从理解猫咪开始。

单熙汝

目录

第一章

第二章

第三章

猫奴是这样修炼出来的——第一次养猫就上手 / 85

第五章

猫奴们的大烦恼——常见猫咪行为问题案例 / 145

第一章

猫咪和你想的不一样——

从生活需求、天性本能了解猫

猫的五大
基本生活需求

“我家的猫为什么一看到窗外有鸟飞过，就发出奇怪的‘咖咖’声？它是不是讨厌小鸟？”

“家里的猫成天都在睡觉，是不是有嗜睡症？”

“半夜大家都睡觉了，猫还在屋里走来走去，在没有人的房间里游荡，是不是因为它看得见幽灵？”

“我的猫一直在理毛，它是不是觉得身上很脏，想要洗澡？”

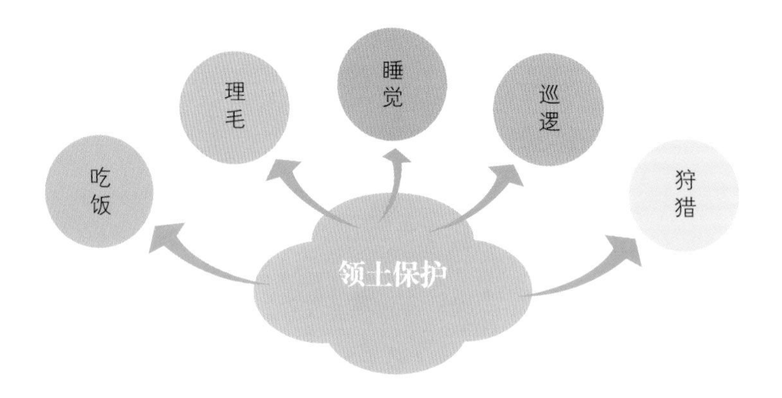

猫咪的五大基本生活需求

如果观察猫咪就会发现，正常的猫，每天在想的事情就是吃饭、理毛、睡觉、巡逻、狩猎！这五件事情对猫来说一样重要，一样都不能少，而且每天都要进行几个来回。

这五大基本生活需求极为重要，几乎建构了猫日复一日的生活主题，只要猫没有生病，它就会坚持完成这五项活动。反之，如果猫病了，它就无法完成这五项活动。因此，对主人来说借由观察猫咪的行动状况，也可以对它们的健康做出判断。

吃饭：一日多餐，自由进食

猫咪视食物为重要的资源之一。正常的猫，每天分4~6餐进食。

因为它们是纯肉食性动物，所以猫摄取的动物蛋白不会存在于肠胃道太久，故它们不适合每天固定1~2餐的喂食方式。

饲主供餐必须考虑到猫咪的年纪及生理状态，例如幼猫、怀孕猫或是哺乳母猫的通常食量是一般成猫的2~3倍，建议以“让猫吃饱”为原则，给予它们充足的食物。

如果猫咪没有过度肥胖的问题，最好应提供充足的主食让猫咪自由进食。

品种不同，幼猫界定不一样

通常说的幼猫，是指1岁以内的小猫。但某些品种猫的成熟时间较晚，例如布偶猫的成熟年纪大约在3岁，而挪威森林猫的成熟年纪大约要到5岁。

猫咪小常识

理毛：猫咪本身就是清洁大师

整齐、干净并且没有异味的毛发，是猫咪健康的象征。这不是指洗过澡后猫咪的身体清洁度，而是猫平日理毛必须达到的标准。

猫咪每天大约会花1/5的时间在整理毛发上。理毛除了是为了清洁，也为了缓解压力，更重要的是猫咪通过清洁，可降低体味以防被敌人发现。

因此，如果猫咪必须为医疗需求而戴头套，就要考虑到它因无法理毛而可能产生的各种行为问题。

猫不一定要洗澡

除非医疗需要（如治疗皮肤疾病），或是饲养加拿大无毛猫，一般的猫咪即使一辈子不洗澡也没有太大问题，因为它们会自行整理、打点。但无毛猫皮肤分泌的油脂无法通过毛发来吸收，且皮肤皱折较多，所以必须经常洗澡。

猫咪小常识

睡觉：猫需要专属睡眠区

成猫每天大约会睡上16个小时，即它们每日2/3的时间都在睡觉。这也意味着睡眠对猫咪来说非常重要。

饲养猫咪时，必须帮它准备专属休息区，而不是与饲主共用沙发或床铺。

“专属”的定义是“不会有其他动物或猫咪与它共用猫床”，让猫随时能够安心睡上几个小时。通常一只猫会需要3~5个安心的地点来休息睡觉，饲主可以在原本它已选择的沙发上，再放上它专属的猫床，或是另外选择其他地点安排睡眠区，引导猫咪过去休息。

巡逻：猫比你更清楚家里的风吹草动

你有没有发现，你家的猫经常在家里四处游走，即使是半夜或是空房无人，它也得钻进去逛逛，东看西看?

猫咪每天都会固定游走，巡视它的“领土”是否一如往常，并查看是否有可疑的事物及有没有可捕捉的猎物。它在巡逻的路上会留下自己的气味（信息素，也称作外激素），以此来和附近的猫咪作“避不见面”的沟通。这是天性，即使养在家中，足不出户的猫咪也会执行巡逻。

而没有节育的公猫和母猫，到了发情期会借由尿液，在多处地方留下自己独特的气味，目的是为了让其他发情的猫咪循着气味找到彼此，以繁衍后代。

家猫的活动范围有限，很难评估它可以巡逻多大范围。但以野猫来说，没有结扎的公猫巡逻范围最广，可达约275平方米，母猫的巡逻范围大约是公猫的1/3。

狩猎：家猫，仍然有猎捕的需求

享受追捕猎物的快感，成功捕捉到后宰杀，最后再将猎物叼回堡垒或是就地享用，这个过程我们称之为“打猎”。打猎对于猫咪来说是天性、是使命，即便被人饲养后不需要打猎即可获得食物，它们也仍有猎捕的需求存在。

打猎除了能获取食物以外，对猫咪来说还有另一个重大的意义——释放压力并建立自信心。

猫咪经常同时扮演狩猎者和被狩猎者，通过打猎的活动可练习良好的狩猎

狩猎对猫咪来说是天性的一环

技巧。另外，在面对敌人时，逃走或反击的胜算较高。

野猫在户外的狩猎对象，通常是鸟雀、老鼠等小动物，但家猫如何进行猎捕以磨练技巧、减压并获得自信呢？那就得靠玩耍了。

利用逗猫棒吸引猫追扑，或用其他玩具让猫咪抓咬、追逐，都能够满足猫咪狩猎需求。因此，足以吸引猫咪跑跳追逐、扑抓滚咬的游戏，与足够的游戏时间，让猫能够尽兴玩耍，对家猫而言是非常重要的一件事。

猫的狩猎天性

天性是无论如何一定要被满足的。许多猫咪的行为异常，都来自于这五项基本生活需求没有被满足！这也就是说，一只猫要活得健康快乐，最基础的需求是：吃饱、尽情梳理毛发、有能满足其安心休息的窝、满足巡逻探索需求的空间并可通过打猎释放压力。满足这五项需求，许多行为异常自然能够被化解，猫咪也会有比较高的健康指数。

猫咪的天性行为

很多人觉得猫咪是外星来的生物，态度冷淡疏离，反应也很独特，无法用常理去理解它们的小脑袋在想些什么，于是在与猫相处的过程中就常发生冲突。

但多数冲突的形成，并不是因为猫很奇怪，而是猫的天性如此。猫咪的行为问题通常都出于它的潜在天性没有得到满足，一旦天性得到满足，行为问题也就自然消失了。

猫有探索及狩猎的欲望

前面提到猫咪会巡逻，这是猫咪探索资源的天性表现。在巡逻的同时，猫会探索食物、饮水的所在地，寻觅令猫能安心歇息的休息

区，并寻找新的发现或嗅闻附近其他猫咪所留下来的气味……

在了解猫咪的探索天性之前，我们先要明白，猫是定居型的动物，它的生活范围简单可分为：私密区、社交区、核心区。

什么是“定居型生物”？在资源充足的环境中，猫咪通常在一地出生、在一地长大，它虽然会逐渐扩大自己的活动范围，但只要环境状况良好、资源充足，没有恐惧与威胁，猫咪就会长期在这个环境中生活，不会轻易离开。

而就生活范围来说，私密区是指猫咪能够安心休息、睡觉的地方，必须安全、设备齐全，仅能一猫独享；社交区是指猫咪可以接受与朋友游戏、交换讯息（气味）的地方；核心区则是指猫巡逻、打猎的地方。

生活在户外的猫咪除了在这三区范围内活动之外，还会不断向外游走，渐渐扩大活动范围。饲养在家中的猫咪因为室内空间的限

猫咪是定居型生物，生活范围区分清楚

制，在区域划分上可能不明显，但饲主经常会发现，越是禁止猫咪去某些地方探索，它就越想去一探究竟。有人觉得“猫咪充满好奇心”，这份好奇心就来自于探索资源的欲望。

除了探索，猫咪也喜欢狩猎。有时候我们会发现猫咪独自玩着地上静止的小东西，或是躲在某处埋伏，眼睛盯住某个目标后展开追捕；有时候也会看到猫咪好像遭遇假想敌一般地窜逃奔跑，这些行为都是它狩猎欲望的表现。

身为掠食者，掠食的欲望会促使猫咪“模拟狩猎”，尝试预测猎物的各种逃脱路线及追捕方式。

而猫咪的这种单独游戏的行为，常被饲主们形容是“自嗨”！

窜出门的猫

有些家猫对于外面世界充满好奇心，总趁主人开门的同时往外冲！但冲出去之后并不会跑远，它可能站在门口发呆，或是停在门外不远处打滚。如果你发现猫有这种行为，就表示它已经把家里的“领地”都巡逻完了，想到外头去探索新世界！

猫咪小常识

猫咪也有挫折感

没错！猫咪是容易产生挫折感的小动物，累积过多的挫折感，容易令猫咪放弃，不愿意再作尝试或甚至导致它具有攻击倾向（就这点上来说，喵星人跟人类很像）。

适当的挫折感不见得是一件坏事，挫折感能够让猫咪产生解决问题的欲望，促使它学习一些新的技巧或手段，以达到目的。

猫咪的挫折感不易在发生的当下就被主人察觉，往往是累积一段时间后表现在其他明显的行为上，才为人所注意。生活中容易产生挫折感的事件包括：猫咪无法追捕接近窗外的小鸟、无法抓住玻璃外的小虫，或是执行特定目的却没有达到自己的预期。

以猎捕不到窗外小鸟为例，如果这份挫折感已经产生，猫咪会自行寻求其他可以狩猎成功的猎物来平衡挫折感。它可能通过追捕屋内的苍蝇或是其他昆虫，学习到狩猎屋内苍蝇和昆虫的技巧，并成为每天例行的愉快的公事，平衡了猎捕不到小鸟所带来的挫折感。

但假设屋内没有猫咪可以追捕的小昆虫，却有其他同住的猫，也会引发猫咪之间的狩猎游戏。若两只猫都有共同的欲望，彼此互补，就能获得平衡，否则很容易造成猫咪间关系冲突等恶性循环。

总而言之，当猫咪遭遇挫折时会自行寻找可能的替代方式来发泄。如果能够刚好找上可以被牺牲的苍蝇或昆虫，那就皆大欢喜，平衡了猫咪本身的挫折感，也无伤于其他家庭成员，但若是它找上了饲主觉得不妥的其他对象去发泄，就形成了所谓的问题行为。

而解决这个问题的办法，不是拉起窗帘或是驱赶走小鸟，因为猫咪狩猎的天性即便没有小鸟出现也依然存在。

最好的方式，是主人学习怎么与猫咪互动，例如通过游戏培养猫咪狩猎成功的自信心。

猫咪经常在看见窗外的“猎物”时，牙齿上下撞击，发出声响，这是它对于无法狩猎而产生挫折感的表现

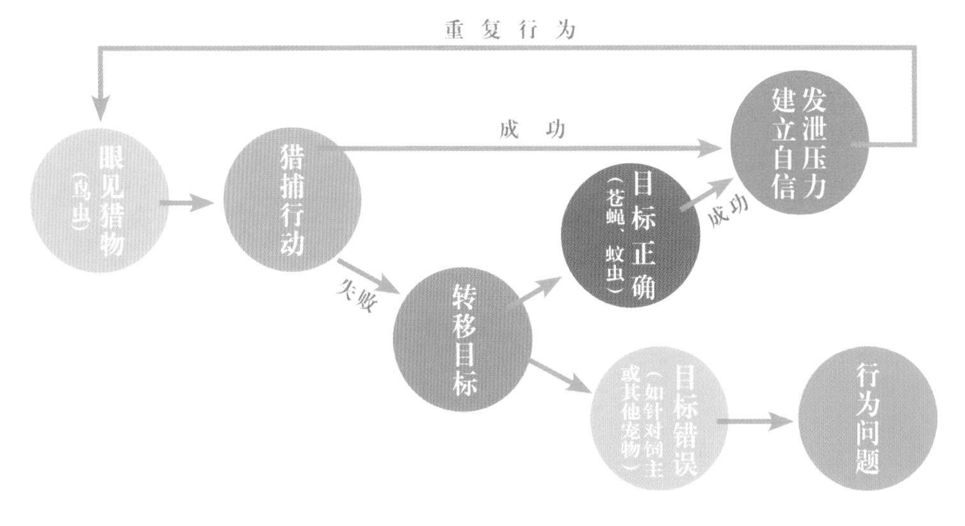

猫咪挫折感导致的行为问题产生

猫的求生反应

很多家中养猫的饲主发现，当家里来了访客时，在听到电铃或甚至只是客人接近大门之前，猫就躲藏起来，久久不肯现身。通常饲主对此的感觉是“猫咪很害羞”“性格胆小”，但那其实是猫咪因为感觉受到威胁而产生的求生反应，它会本能地试图躲避可能发生的伤害，并且善用以往成功躲避的地点藏身。

和所有生物一样，猫会因为害怕而逃躲。当猫咪意识到有威胁发生，就会做出自我保护的相应反应。而害怕的情绪一旦发动，猫会保持静止、逃跑、躲藏，或是根据先前学习到的经验来做应变。

猫咪擅长寻找藏匿地点，通常是从来没有被陌生人发现过，或是连亲近的饲主、家人都没发现或“装作没看见”的死角。如果藏身地被人发现，猫咪便会另外寻找新的地点躲藏。

当陌生访客离开，没有对猫造成任何不良的惊吓或事端，它便会若无其事地重新出现在你面前。

在遭遇突发状况时，猫咪经常会产生焦虑的情绪和害怕的感觉。这两种感觉对猫而言是不太一样的，造成的结果也不同。简单来说，害怕是偶尔的、短暂且突发的情绪；而焦虑则是长时间的情绪压力，通常是在事情发生前猫就已经预想到即将发生什么事，而令它处于长时间的担忧状态中，例如例行性到医院复诊，或是生活中令猫倍感压力但却每天或经常重复发生的事情。

猫会躲在隐蔽的藏身之处观察情况，等待威胁消失

只有幼猫会因害怕而寻求保护

同样是为了生存而产生的求生反应，猫咪在还无法保护自己的年纪时，会有寻求保护的行为。换句话说，当猫咪长大到了能够独立的年纪之后，没有哪一只猫会去保护另一只猫，也没有哪只猫会呼唤其他猫咪来保护自己。正常状态下，猫咪会发展成自己保护自己的生存模式。

离群、走失或需要帮助的幼猫，会发出如哭声一般的呼喊，这是为了让母猫能够循着声音找到它，把它拾回窝里，同时注意到幼猫的个别需求（如饥饿、寒冷等）。这种寻求母猫保护的哭声，到了它足以独立的年纪以后就会消失。只有在幼猫时期，小猫才会对母猫发出哭叫声以寻求保护和关注。

成年猫咪会寻求异性伴侣

寻找伴侣是猫咪的天性，为了繁衍后代，猫会积极寻找异性伴侣。对于没有结扎的猫咪来说，这是一件非常重要的事情，它们利用尿液和叫声作为彼此之间远距离沟通的方式，而近距离的视觉沟通表现也很明显，例如母猫发情时会在地上打滚。

对于饲主来说，猫尿是令人讨厌的麻烦，但对猫咪而言，猫的尿液里存有各种讯息。母猫和公猫一样，都会留下尿液来当作讯号，吸引彼此接近，以达到交配的目的，所以“喷尿”并不是公猫的专利。

饲养在家中而没有做节育手术的猫咪，在受到居住在附近发情猫咪的影响时，会产生很大动力要“逃家”去寻找异性伴侣。这样的正常生理反应是无法借由训练或是环境管理来解决的问题。

猫的社交行为与游戏欲望

首先我们要知道，通常猫咪是独居的动物。事实上，许多人会用冷漠和独立来形容猫咪，但这和猫咪之间具有社交行为的互动并不冲突。

猫咪是需要社交的哺乳类动物。彼此之间的游戏互动，也是猫咪社交行为中的一种模式。游戏互动除了培养猫咪的狩猎技巧，也同时培养了猫咪之间的社交技能。如果一只猫在幼猫时期缺乏与同伴互动，未来很可能会在社交行为中出现障碍。

当猫咪有社交和游戏欲望的时候，会主动邀请另外一只猫互动。这里所谓的互动大概就是追逐游戏。感情好的猫咪们甚至会互相舔毛。

这些互动大多是一对一的模式。而如果两只猫同时都处在想要互动的状态，它们就会开展社交游戏。

猫咪之间的互动社交通常是一对一模式

由这个天性可知，猫咪确实需要与同伴一起游戏。但必须在外在资源分配良好、各自生活都能取得平衡的环境下，猫咪们才能相处愉快。

第二章

与喵星人的亲密接触——

从认识、互动到建立信赖关系

猫咪到底在说什么

猫咪总是喵喵叫，好想知道它在说什么！其实，通过猫咪的叫声，人们能够了解它的状态。例如知道它对某件事物是喜欢还是不喜欢；它是放松还是害怕。

有些猫非常爱叫，仿佛有问有答，但猫其实没有发展出和人类一样能够对话的语言，不会你一言、我一语地沟通，因此它们的肢体及声音表达通常仅限于简单的情绪展现与回应。

想要判读猫咪发出的声音，必须同时考量当下的环境并观察猫咪的肢体反应，因为在不同的状况下，猫可能会出现同样的声音，不能单凭叫声来判断。

猫咪心情好时的叫声

呼噜呼噜

每只猫咪的呼噜声强弱不同。在幼猫还没睁开眼的时候，也会通过呼噜的振动频率，让母猫找到自己，这是幼猫与母猫之间的沟通方式之一。

呼噜还有另外一种意思，即类似人的笑容。有时候人会借由笑容来转移紧张不安的情绪，而猫咪在外出紧张或是身体不舒服的时候，也会发出呼噜声来自我安慰。

平时猫咪在放松状态下主动接近饲主，发出呼噜声，代表着撒娇，大多是要跟主人讨吃讨玩。

Miaow（喵）

猫咪与猫咪之间，并不会使用喵叫来对话。猫之所以会对人发出“miaow”的叫声，是在与主人生活后，通过演化而来的表现。这也就是说，猫只有在对人类的时候才会发出“miaow”的叫声。

猫咪很聪明，它们很懂得如何引起人类注意，也知道怎么用叫声来取得食物或满足其他需求。有趣的是，这样的“miaow”叫只有在发出呼唤的猫与饲主之间才有意义。如果你对其他猫也这样叫唤，它是听不懂你在喵什么的！

如果猫咪突然发出一连串的“miaow”叫声，对主人来说可能相当难理解，就如同猫咪无法理解饲主对它说的一长串话语一样。

不过主人可以回想，先前在此一时间或是在这个地点，有没有发生什么令猫咪喜欢或在意的事情，来推测猫咪想表达的意思。即使是大声长叫，猫咪很可能只是在表达一些简单的事情。例如它在问你：“昨天在这里吃到的小鱼干呢？”或是饲主平常会固定在此时与猫咪互动，但偶尔因为忙碌而忽略了，猫咪也会过来用喵叫提醒：“是玩逗猫棒的时候了，miaow。”

咯咯

这种声音不像是猫叫，而是有点像“咯咯”的快速连续颤音，每一次发声大概只有短暂的1～2秒。声音从喉咙发出，比呼噜声更清楚、更大一些，发出声音的时候，猫咪的嘴巴是闭起来的。

猫咪处于活跃状态或想与其他猫咪、同住的室友互动时，会发出这样的声音，类似于表达：“你好！”

好心情时的猫叫声种类

猫叫声	发声的状况	含义
呼噜呼噜	幼猫	妈妈，我在这里！快来找我！
	成猫撒娇	摸摸我嘛！跟我玩嘛！我饿了，要吃饭！
	猫咪感觉紧张、不舒服	我好紧张，我有点难受！
Miaow（喵）	对人类发出叫唤	注意我！你忘记了吗？
咯咯（短颤音）	与其他猫咪或同住者互动	你好，来玩吗？

猫坏心情时的叫声

嘶嘶（哈气）

这是猫最常见具有敌意的声音。通常在发出这种“嘶嘶”声的时候，猫会因为害怕而张大嘴巴，露出一嘴牙齿，试图吓退敌人，想要与敌人保持距离，也是攻击前的最后警告。

通常猫咪被诱捕时，会因为原本的生活与人类没有交集（或有不良的接触经验），却被突然捕捉，感觉害怕而频频哈气。但有时候猫咪即使没有看见其他猫的存在，但因为闻到不熟悉味道，或是刚到陌生、未知的新环境里，感觉到担忧、不安，也会发出“嘶嘶”的哈气声。

猫与猫之间也会通过哈气来表达“走开！别靠近我”的警告。尤其是彼此不熟悉的猫咪，会优先以警告方式来表达“我不想跟你互动”“拉开距离，离我远点”。而即使是彼此熟悉的猫咪，也会因为不想互动而朝对方哈气。

遇到猫咪哈气的时候，最好立刻后退，拉开彼此间的距离，眼睛不看它，身体也不正面面对，令猫咪渐渐放松，因为如果再进一步靠近，很有可能会爆发瞬间攻击的行为。

低吼

猫咪的低吼声低沉且微弱，带有高低起伏，可持续3～4秒左右，在吞咽口水后继续低吼。

当没有看见明显的威胁目标，但可能是远处传来的声音或散发的气味让猫咪感觉到被威胁时，猫咪便会试图躲避，并在隐身成功之前持续发出低吼的警告声音。

低鸣

在当不想分享资源的时候，猫咪会发出低鸣声来警告周围的其他猫不要靠近，这种状况通常发生在它咬住猎物或嘴里有非常在意的食物时。低鸣的音量较低吼来得小，不注意听可能不会发现。当猫咪发出低鸣声时，代表它在保护资源，也表示它认为环境资源珍贵、不够充足。

大声尖叫

猫咪大声尖叫时，音调非常尖锐，且叫声连续不断，一声尖叫可以持续10秒甚至超过10秒。通常是猫在感受到严重的威胁却无路可逃，打算用尽力气与敌人做最后的搏斗时，它才会发出这种叫声。一般来说，家猫在接受美容（如洗澡）或医疗的时候，或是猫咪的地盘被入侵，双方僵持不下、互相对峙的时候，会发出这样的叫声。

坏心情时的猫叫声种类

猫叫声	发声的状况	含义
嘶嘶（哈气声）	遭遇敌人	走开！给我离远点，我不想理你！
	处在陌生环境	这里是哪里？我好害怕！
吼（低吼声）	感觉危险	危险靠近！我要躲起来！
呜（低鸣声）	保护食物	这是我的，我不要分给你！
大声、连续尖叫	感受到严重威胁，要做最后的搏斗	我要跟你拼了！

猫咪的肢体语言

猫不只是通过叫声表达想法，也通过肢体动作、反应来表示企图和意愿。它们尤其擅长通过眼神、耳朵、身体姿态及尾巴动作表达情绪。

想知道猫咪有什么感觉吗？

其实，它早就表现出来了呢！

猫的眼神会说话

放松和满足 / 猫的瞳孔细直

好奇 / 瞳孔稍大，眼睛凝视

专注 / 眼睛圆睁，瞳孔更放大些，注意凝视

害怕 / 耳朵压低，瞳孔圆睁，胡须竖直，浑身发抖

恐惧 / 瞳孔放大到极限，显示内心极度恐惧

猫的耳朵会说话

放松与放空，耳朵朝向侧边不转动 / 猫咪放松或放空时，耳朵展向两侧

专注与好奇，耳朵直立往前 / 猫咪专注或好奇时，耳朵伸直向前，仿佛仔细聆听

害怕或是准备攻击，耳朵向后向下压平 / 猫咪感觉害怕或要发动攻击时，耳朵向后向下压平

猫咪的动作语言

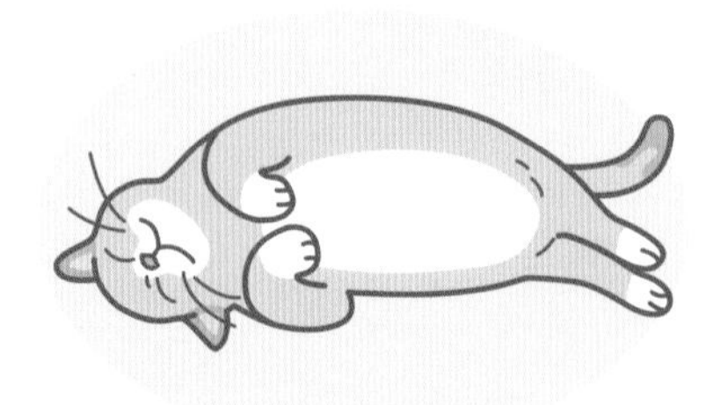

放松、翻肚子睡觉 / 翻肚子睡觉或躺在地上乱滚，表示猫很放松

暂时不想移动 / 当猫用尾巴围住身体站着的时候，表示它暂时不想移动

不想被打扰，正在休息中，双足反折 / 当猫的两只前爪反折，像母鸡一样伏卧时，表示它不想被打扰，正在休息中

狩猎模式 / 双后腿左右轮流小踏步，并弯曲一只前脚时，表示它正处于狩猎模式，准备突袭

专注、注意 / 猫石化似的专注某个方向时，表示听见不寻常的声响或动静

猫咪靠近人的身体 / 当猫咪靠近人的身体磨蹭，尾巴竖直，表示撒娇，猫与猫之间也会有相同的表现

面对敌人 / 当猫拱起身体和尾巴，侧身面对目标时，表示它要挑战、面对体积较大的敌人

猫“踏踏” / 常见的猫“踏踏”，表示环境安稳，进入忘我的撒娇模式

游戏得很过瘾，贵妃侧躺 / 猫咪呈贵妃侧躺状，一副懒洋洋的样子，表示它刚刚尽情游戏或活动过，玩得很过瘾

猫的尾巴会说话

自在与自信，尾巴高举 / 猫咪自信或感觉自在的时候，尾巴向上高举

遇到开心、幸福的事 / 猫咪觉得满足或高兴时，尾巴末端缓慢摆动

极度兴奋 / 当看到主人回家或感觉到极度兴奋时，尾巴竖直，微微颤抖

情绪激动 / 猫咪玩游戏很兴奋，或是觉得非常不高兴的时候，尾巴会大力左右甩动

害怕及服从 / 当猫咪感觉害怕或表示服从时，会将尾巴夹在双腿之间

猫咪的喜怒哀乐

从上述内容可以得知，外表看起来冷漠疏离的猫咪，其实也有丰富情绪，人们可以从其叫声、肢体语言中探知一二。

以下整理出猫咪在生活中常见的各种情绪反应，以及这种情绪反应所带来的影响，让饲主们能够更清楚地理解猫的喜怒哀乐。

喜欢和厌恶

同一只猫对于不同的猫砂盆和猫砂，通过其使用频率的不同，可以看出它的爱好。猫和人不同，猫不会勉强自己。当它不喜欢你准备的猫砂盆或猫砂时，便会去选择“第二喜好”的地点上厕所，例如床或沙发。

自在和害怕

当猫巡逻时高举尾巴，是表示它在自己的领地里，悠然自在；但当猫身处陌生环境，尤其是在医院看诊时，蜷曲着身体，表示它在害怕。

放松和焦虑

猫咪很容易感觉到焦虑，当它遭遇不喜欢、抗拒的事情，例如与其他不友善的猫共处一室，可能会持续焦虑，无法放松，重则甚至影响生理健康。

开心和恐惧

猫咪表现出“超级行动力”以回应饲主的时候，代表它对于眼前发生的这件事是感到开心的。例如看到饲主拿出饲料罐头时，猫兴奋叫嚷或用力磨蹭人的脚，都是在表达快乐喜悦的情绪。

恐惧与前述的害怕是不一样的两种情绪。恐惧比害怕更加负面与强烈。

所谓的害怕是指，例如带猫咪去医院时，猫可能因为到陌生环境且接受治疗而感觉害怕不安，但离开医院后它就会渐渐恢复。许多猫咪一回到家，又表现出一副生龙活虎的样子。

但处于恐惧的猫咪，反应会更加惊恐，例如失控、乱窜或甚至是吓到尿失禁。如果长时间处于恐惧之中，会造成猫咪的精神创伤。希望每一只猫咪一辈子都不需要经历这种遭遇。

分享与竞争

是的，猫咪是会分享的动物！猫对于自己接纳的同伴（也包含人在内），是很乐于分享的。例如最为明显的表现是家猫在有限的空间里，愿意与人类分享食物（虽然没人想吃猫食）和休息区。

但同样的，猫对于无法接受的同伴，则会以打架为手段，拼命驱赶对方。

自信心与挫折感

前面我们提过猫咪是会感觉挫折的动物，但因为有挫折，它们也会努力建立自信心。例如在游戏时，出手抓取猎物是猫咪有自信心的表现之一。

有自信心的猫比较不会出现害怕或是消极喷尿、积极打架的情况。

猫咪和人一样，对于感觉受挫的事情不愿意再作尝试，容易放弃。

所以，下次与猫玩逗猫棒的时候，别忘了适时让猫抓到它的“猎物”，而不是让它次次扑空！

兴奋与平静

在猫咪活跃的时段，陪它玩最爱的游戏，会令猫咪进入兴奋状态。在这个时间点上玩逗猫棒，很容易引起猫的兴趣，甚至任何移动的东西轻滑而过，都可以令猫咪自己沉迷陶醉地玩上一阵子。反之，在该休息的时段，猫咪对平常喜欢的事情都显得兴趣缺缺，不乐于互动。

习惯与不习惯

猫也是会感觉不习惯的！

譬如说，当你突然把它固定吃饭的地点，移换到其他地方或不同房间，猫咪会显得不知所措，而待在原本的地点发呆。即使主人带它到放食物的新位置，它也不会马上进食，原因正是不习惯改变。

所以对猫咪做任何调整或改变时，都应该有一个循序渐进的程序，让猫咪能够适应。

猫咪的常见情绪与表现

正面情绪	反面情绪	情绪说明
喜欢	厌恶	猫的本性会优先根据喜好做选择
自在	害怕	偶尔的害怕（例如去医院就诊），并不会造成猫咪精神上的长久伤害，但应尽量让猫保持自在，让它快乐
放松	焦虑	不喜欢的环境、事物、人或其他动物，都会让猫咪情绪焦虑，难以放松
开心	恐惧	恐惧比害怕更负面，容易造成猫长久性的伤害
分享	竞争	猫会与喜欢、接纳的人或动物（如家中的其他猫狗成员）分享自己拥有的资源
兴奋	平静	在固定的时间与猫咪玩耍，会让它感觉兴奋，更加快乐
习惯	不习惯	猫咪对于突如其来的变化，可能会有适应上的困难，因此无论怎样改变，请多给猫咪一些适应期

认识猫咪的性格

想要跟猫接触的第二步是了解猫的性格。很多饲主经常以拟人化的方式去理解猫，或者将对狗的认知用在猫身上而造成误解。

许多人都觉得猫咪性格高冷疏离。它是真的不喜欢与人或其他猫咪多接触吗？长毛猫看起来柔软可爱，它的个性真的那么柔弱吗？除了血缘关系之外，猫与猫之间，又有怎样的关系和交际圈呢？

个性独立的猫

一般的猫咪长到6个月左右，就可以完全离开猫妈妈，自立更生。用“独立”来形容猫咪的性格一点也不为过，光看日常生活中猫咪自理一切的行为就可以知道。例如它们能将自己的毛发梳理得干干净净，即使一辈子不洗澡也不成问题。如果没有食物，猫会靠平常练就的“拳脚功夫”狩猎，即使是没有出外打猎过的猫咪，在必须自己寻找食物的情况下也会渐渐显现本能……所以，即使没有人类主动提供食物的时候，猫咪也未必会走投无路。

更正确的说法是：猫咪认为它可以处理一切，可以自我保护，能够管理好自己。

但在饲主们看来，总觉得猫咪还有很多事情是做不到的，譬如说，猫需要协助剪指甲、梳毛和刷牙……但这些行为，大多是为了配合人类生活，另一方面也是为了让猫咪有更健康的生活品质。不过猫咪无法将打预防针、刷牙等行动与自己的身体健康联想在一起，这也是为什么饲主与猫咪经常发生冲突的原因。所以我们必须学习让猫咪以它能够接受的方式，在压力最小的状态下，配合饲主进行日常护理。

猫本质上是独居的动物

猫咪的独立也表现在它的居住方式上。

猫咪“独居”的意思是：每一只猫都需要有自己专属而不与其他猫咪共用的资源，包括食物、水、休息区、上厕所的地方，还有其他猫咪在意的东西。

而这样的独居还包括在猫咪活动范围内，特别是在一些私密地区内是不希望与其他猫咪共处的，就好比即使有兄弟姐妹，但小孩总希望有一个自己“独享专用”的房间；我们也不会和不喜欢或是不熟悉的人待在自己的卧室一样。

照这样看来，家中岂不是无法同时养两只以上的猫了？正常来说，确实如此。但因为饲主饲养猫咪时会提供丰富的食物，并且将猫节育，把住宅猫化，所以可大幅减少猫咪之间互相竞争、夺取资源的压力。在环境条件达到一定宽容的程度下，猫咪们就能群聚在一起，彼此相安无事。

所以家猫居住的室内环境的条件是否良好，将会直接影响猫咪们能否和平共处。再者，过去的学习经历以及初次见面的状况，也会影响猫咪们同住一个屋檐下的可能性。

通常饲主在发现猫咪之间有冲突、相处状况不良时，已经是为时已晚。因为猫咪们感情不好、无法相处的原因，是生活中的许多冲突所导致，如果想要让猫咪互相适应，必须找出并处理这些冲突，才能和平共处。

更正确的做法是在养猫时，务必事先评估环境条件是否能够再容纳一只猫，将猫带进家庭时，也必须循序渐进地介绍新旧猫认识。

猫咪有自己的社交圈

猫咪社交圈

猫咪生活圈	范围	活动状况
A.自我独享区	通常指睡卧、饮食的区域	休息、睡眠、饮食
B.社交区	猫咪平时活动范围，可与其他友善、素有交集的猫咪互相共享	可以与其他“朋友猫”共享，进行社交活动，或通过气味交换彼此讯息
C.主要活动范围区	猫咪守备的活动范围	巡逻、打猎
D.我的家	范围不断向外扩张的外围	不认识的猫也能进入，但如果被讨厌就会被赶走

猫咪虽然独居，但仍有社交需求。猫咪社交的地点，会在彼此的社交区之间。

成猫与成猫之间，大部分的时间是避免互动的。猫不喜欢有太多实际的肢体接触。为了避免冲突，当猫咪发现附近有不熟悉的猫会固定经过时，它们会自行错开彼此经过的时段，避免正面接触。

猫咪最需要社交的阶段，发生在幼猫时期，这时它们渴望社交游戏；而到了成猫阶段，便是寻求配偶的时候。

神秘的猫咪会议

你有没有发现过，有时一个地区的猫咪们（通常都是户外生活的猫咪或行动自由的猫）会在固定时间在同一地点集合。它们会坐在彼此看得到对方但又稍有距离的位置，静坐片刻后又纷纷离开，好像在开会一样！这也是一种猫的社交。

猫咪小常识

深入了解猫咪的独特性格

仔细观察猫咪，你会发现它们不只可爱，还是有趣且成熟的动物。有时候，猫咪甚至比人还成熟。

猫有时间观念，有规律的作息

很多人都觉得猫总是懒洋洋的，整天睡觉。其实，猫咪是有时间观念的动物，它们会在固定的时段巡逻，也会在固定时间休息。单看猫咪每日早晨叫饲主起床的行为，就可以明显地观察到它有自己的生理时钟。

因此，如果你想要让猫咪学习特定的事情，可以利用猫咪规律的作息，做固定的训练，这样有助于猫咪学习与习惯，可以迅速进入状态。

猫咪有预期心理，期待发生它喜欢的事情

猫是会期待的动物。如果猫在某个时间点得到喜欢的食物或玩了什么有趣的东西，下次到了那个时间点，它甚至会主动提醒主人。

如果每天在固定时间与猫咪做它喜欢的互动，或是给予它爱吃的食物，猫咪会对每天的这一时刻产生期待的情绪。在与猫相处时，我们可以利用猫咪的预期心理去建立新的兴趣，使猫咪期待接下来即将发生的事，以避免猫咪在该时段去做你不希望的事情。

猫咪不会吃醋

许多饲主或爱猫者经常觉得，猫咪会因为吃醋而捣蛋、做坏事，例如把猫咪乱尿尿的行为，归咎于猫咪在吃家中其他宠物的醋。

但很遗憾的是，猫咪并不懂得吃醋这种复杂的情绪。

猫咪之所以会因为新猫的到来而疏远饲主，或做出拒绝抚摸、亲近的反应，不是因为猫咪在闹脾气，而是因为不熟悉且还没有接受新猫，所以饲主身上沾染的新猫气息，令它不想靠近，因此可能会拒绝抚摸，或是减少原本和主人之间的亲密互动。

猫咪不会记仇

猫咪并不懂仇恨是什么，它们多数的行为反应是为了避开伤害。所以，如果饲主处罚了猫咪，或是做了什么让猫害怕的事，导致它离得远远的，或是对饲主发动攻击，主要是因为它们害怕，而做出想要设法保护自己的举动。

而同一个人反复留给猫咪可怕的印象，容易导致猫

咪判定“这个人很危险”。一旦猫咪有了这样的认知，它就会与之保持距离。

猫咪需要互动，但不一定需要作伴

家猫长期在有限的室内空间生活，需要与人互动，也需要通过狩猎游戏获得成就感。如果长期生活单调，又没有足够的活动空间，它确实会产生行为问题。

经常有些饲主会以为“怕猫咪无聊，再找一只猫咪作伴”。其实这种想法不太正确。新猫的出现，确实有可能会让家中的猫咪感觉有趣，但这也要视家庭资源而定。如果猫咪认定自己拥有的资源（如空间、环境、食物、猫砂盆等）不够充足，家里又出现新的猫要分享这些有限的资源，就可能成为猫咪噩梦的开始。

玩游戏时，一对一的狩猎模式

猫的狩猎是独自进行的行为模式，这也就是说，猫咪不会组成一支队伍集体狩猎。以成猫来说，不会出现两只猫咪同时狩猎一个目标的情况。

在狩猎成功后，猫咪会选择要不要将成果（猎物）与其他猫或动物（如人类）分享。

翻肚子不是投降的表现

饲养猫的主人，会经常看见猫咪翻肚子。在猫咪单独行动的时候翻肚子，是表示它对环境以及对人感到舒适、放松，是信任的表现。

而猫咪在与其他猫咪进行狩猎游戏、扮演猎物时，翻肚子表示它准备出“抱踢”的绝招，不是投降也不是服从。

猫咪小常识

认识的开始：与猫的初步互动

很多人一看到猫咪，忍不住兴奋惊呼“好可爱”“我要摸”，主动想要接触猫咪，但通常这种行为反而使得猫四散奔逃，甚至流露出敌意或做出防卫举动。

想要与猫接触，有良好互动，是要有技巧的。在理解猫咪的性格、叫声与肢体动作所代表的含义后，我们渐渐理解猫咪的情绪与状态。但要如何接触猫呢？这一节将带领大家用猫的角度和思考方式，了解猫咪，与猫咪建立起默契，慢慢靠近猫咪。

与猫相处和与狗相处是不一样的。友善的狗狗通常都有亲近人的欲望，或是习惯了被抚摸，但大多数的猫咪却不具有“自来熟”的性格，即使是家猫，习惯了与人相处，但那也仅限于亲近的家人。

如果把猫咪视为人就好办了！人有性格，猫咪也有；与人相处讲究礼貌，对猫咪也是！与猫咪亲近的礼节，有以下几点。

1. 别盯着猫咪眼睛看

对人来说，讲话时注视对方的眼睛是礼貌的表现，但对于猫咪而言，眼神的注视代表狩猎前的预告。

猫咪是狩猎者，但同时也是被狩猎者。它们需要防备比自己体形大的动物来狩猎、伤害自己。所以在你还没有与猫建立足够信任度之前，千万别把目光、专注力都集中在猫身上，那会使得猫咪紧张，无法放松。

通常如果遇到戒备心很高的猫，或是胆小不亲人的猫咪刚进入一个家庭时，倘若饲主老是过度关心，总盯着猫看个不停，很容易会使猫咪持续紧张焦虑。

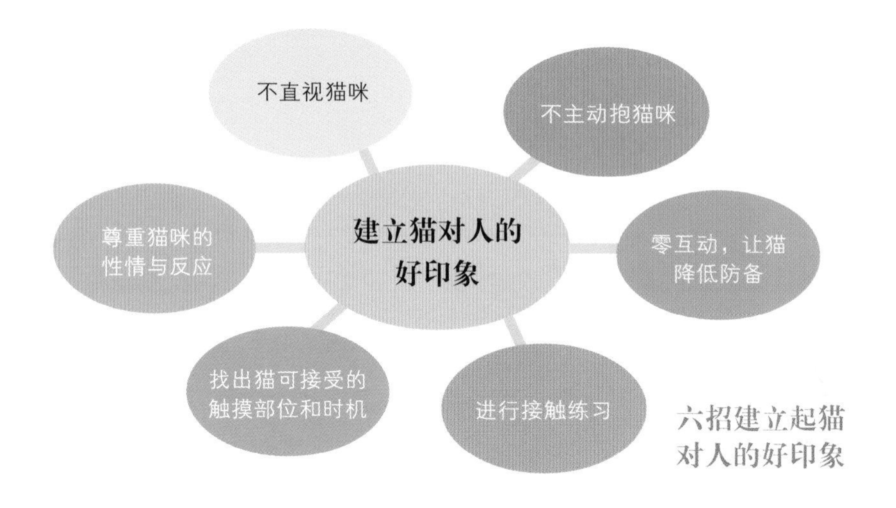

六招建立起猫对人的好印象

2. 猫没准备之前最好别抱它

莽撞地抱起一只猫，容易导致猫受到惊吓

大多数的猫咪都不喜欢被抱。

在猫的肢体语言中，“被抱”等于“被抓到”，这令它瞬间失去掌控自由的能力，行动受到控制。所以，当猫咪还没有理解人类的拥抱是爱与安全的表现之前，请不要贸然抱起猫咪，那样反而会使猫咪受到惊吓而挣扎或逃跑，也会让猫对你产生防备之心。

3. 尊重猫咪的不同性情与反应

大部分的猫咪不太主动与人接触，这是因为猫咪的天性使然。它们凡事以安全感为优先考量，对于陌生或不熟悉的人会先远远观察，以评估安全性和威胁程度，待确认没有危险后才会渐渐缩短距离。

当然，也有些猫咪会在见到陌生人的时候马上上前打招呼，一方面是因为好奇，另一方面是因为这些猫在过去的学习经验里，没有任何与陌生人接触的不良经验，因此面对人时较放松且富有自信。

大方自信的公关猫是如何练成的

有些商店的店猫性格大方自信。这类猫咪因为过去与陌生人的社会化经验良好，在生活中经常接触来来往往的客人，所以不会感到压力或是害怕，甚至还会主动磨蹭、迎接客人的到来，展示出示好的表现，欢迎客人来到它的地盘。

4. 先用一根指头跟猫咪打个招呼

初次接触可
用手指招呼

如果确定你面对的猫咪，性格大方自信，乐于亲近陌生人，可以近距离伸出一根手指向猫咪打招呼。

在打招呼时，你的姿势可以蹲下或坐下，压低高度，让猫不觉得有压力。

通常在这个时候，热情的猫咪会开始磨蹭你的手，或甚至是手臂，也有可能绕着你转一圈。

切记，让猫咪主动磨蹭是给增进关系大加分的项目，在这个过程中，是猫主动，而非人主动，切勿抱起猫咪或是做其他主动的抚摸。在猫咪的逻辑里，它可以向你磨蹭示好，但不代表会接受你摸遍它全身！

接触野生猫咪要谨慎

不管是面对性格亲近人的家猫或路边的野猫，态度都要谨慎。猫咪通常会用喵叫来引起人的注意，当人蹲下时，它们会主动磨蹭、翻肚打滚，这是它们表示放松、讨吃的意思。但这一举动也经常被人类误会，以为这些动作是表示猫咪想撒娇，渴望被摸毛，于是抗拒不了它们翻肚打滚的诱惑，自然而然地伸手抚摸，然后就可能遭遇被猫咪一把抓花手臂的下场！

猫和我们想的不一样，它磨蹭人、满地打滚的行为，只是表达“我很放松”或是“你看起来不错，我信任你”的意思，但不一定表示希望被抚摸。

猫咪小常识

5. 用“零互动”来降低猫咪戒心

大部分家猫的性格都很害羞，听到门铃或脚步声会先躲起来，或是跑远观望。但许多家中养猫的主人，或对猫咪有好奇心的客人，总会想方设法地把它给“揪”出来，结果猫吓得半死，下次就更不愿意出来见人了。

如果希望猫咪能够在客人离开前出来露个脸，那么从客人进门开始，就对猫咪执行“不注视”“不在意”“零互动”的原则。

为什么这么做呢？因为猫咪从见到访客的那一瞬间起，它们就开始分析陌生人的威胁程度，而分析重点包括对方的眼神、动作和体积大小。所以如果客人越不在意猫咪，越能让猫咪确认对方并没有要对它做什么，也没有把目标放在它身上。

待猫咪评估完毕以后，它会在好奇心的驱使之下试图接近，缩短人猫之间的“安全距离”。这时，主人和访客不能因为猫咪主动靠过来就积极互动，否则会让猫咪把好不容易缩短的距离又再度拉开。

“零互动原则”也适用于新猫入宅

“零互动原则”同样适用于带新猫回家，或是将猫带到新环境（如搬家）。

猫咪很容易会因为对环境的不确定而感觉到紧张，这时无论人（即使是熟悉的饲主）做任何主动接触，都会使猫咪的情绪更加紧绷。最好的方式是让猫咪自己选择要待在哪里，如何熟悉环境。期间人与猫咪完全保持零互动，等猫咪慢慢降低戒备。

猫咪小常识

6. “接触练习”让猫主动靠近

猫咪遇到不愿意接受的事情，会表现得非常明显，例如它会躲避或是逃离。但人们可能会基于各种原因，不得不勉强猫咪，通常会用抓或是限制的方式来强迫或半强迫猫咪，最后导致猫咪与人的关系从一开始就进入“抓→逃→厌恶”的恶性循环中。

但如果我们试着换一种方式让猫咪主动靠近，结果将截然不同。

在你要接触猫咪，以让猫咪亲近人类，或者做帮猫咪洗澡、梳毛、抱抱、剪指甲、清耳朵等与触碰猫咪有关的互动之前，你都必须先做好“接触信任”的练习，因为猫咪对你缺乏信任时，它不知道你打算对它做些什么！所以，当猫咪与人还没有建立起肢体碰触的信任之前，人想要去碰触它或对它进行任何碰到它的动作，都可能会被它联想成“他要对我做不好的事”或“即将发生可怕的事情了”，而加以反抗！

如此一来，双方都会产生很深的误解。

所以当猫咪对你的信任度还没累积到一定程度之前，你就做了猫咪不能理解的事，猫咪自然很难接受，甚至会发动攻击。

接触练习的目的在于让猫咪对你的手、你这个人产生极大信任感，之后当你每一次靠近时，它会联想到一切美好的事情。当猫咪进入了放松的状态后，接下来不管做什么就都非常简单。

那么，要如何进行接触练习呢？方法很简单，就是让每一次的接触的体验都是美好的。

给爱吃的猫零食

对于爱吃的猫咪，可给予干零食，让它每一次接近你都有好吃的东西，且你不会勉强它做任何事情。除了干粮，你还可以用平常几乎吃不到的超级湿粮（如猫用肉泥之类），引诱它在你手上的各个部位舔舐。

与喜欢游戏的猫愉快游戏

对于喜爱游戏打猎的猫咪来说，最好的接触是没有冲突的游戏互动，让猫咪能够在放松愉悦的状态下与你相处。

利用猫咪安定的时机进行抚摸

猫咪在睡眠或是窝着休息的时候都算是安定的时机，这时候的猫咪比较不会因为抚摸而产生过度反应。处在这种状态下，才是让猫咪了解“什么是抚摸”的最佳时机。

用一根指头先跟猫打招呼

和猫咪互动前，先用一根手指头打招呼。如果猫咪走过来并且磨蹭指头，代表你得到同意许可，但别急着太快给予热情的回应，先慢慢确认猫咪的状况，等它真的想要互动时，再进行互动。

让猫主动

试着让猫咪自己主动过来摩蹭，而不总是我们主动摸它。

不要动手去抓

请用食物或是逗猫棒引导猫咪移动，避免东抓西抓来移动猫咪。

寻找猫咪的喜好

找到猫咪独特的喜好（如摸头、摸下巴、爱吃或爱玩游戏等），并由你来满足它的喜好。

用食物诱哄猫咪，对贪吃猫来说，能够快速拉近彼此距离

7. 确认初次接触的部位与时机

当你还抓不准猫咪哪些地方可以接受触碰的时候，记住头部是最能被接受的。

在猫咪安定并且愿意互动的状态下，保持轻声细语，并伸手轻抚猫咪的鼻头或脸颊两下。如果猫没有变换姿势、用力甩动尾巴、抓咬或者离开、躲避，代表这次的接触是成功的，你积累了一次“没有扣分的接触经验”。

但如果猫咪有上述的不良反应，表示时机挑选错误。或者，太频繁地抚摸也会导致猫咪反感。

在你还没找到猫咪可以接受的部位、时间、力道之前，挑选猫咪最安定的时机和用最短的秒数完成抚摸，是最保险的方式。

猫咪最喜欢被碰触的位置

一般猫咪普遍最能够接受的触碰位置是头部、脸颊两侧和下巴。

但如果猫咪面对的是具有信任感的饲主或人们，它们也喜欢被摸肚子和脚掌喔！

与猫咪建立亲密关系

统计我工作时接触到的猫咪案例，我发现猫咪与主人之间的互动不良，是大多数冲突或问题行为的症结点。最常见的状况是主人在不了解或无意之间做了错误的回应，导致问题产生。

举例来说，有些主人会觉得“我家的猫咪就是讨厌抚摸和抱抱”“那是它的个性”“它就不喜欢跟人亲近”，但如果从猫咪的角度来思考，或许会有完全不同的想法。

猫咪为什么会讨厌被抚摸和抱抱呢？为什么不能让猫咪喜欢上这些亲密的动作？要用怎样的方式才能让猫咪相信，主人摸它、抱它是一件好事，让它能够接受？这才是应该被思考的问题。

与猫咪相处，该怎么达到“你情我愿”的双赢局面，而不需要强制任何一方去勉强接受，是我们要努力的方向。

其实，猫咪的生活中有太多“它不喜欢”但“我们必须这么做，好让猫咪能够与人类一起生活”的事情，例如剪指甲、清耳朵、洗澡等，人与猫咪之间经常会因为要完成这些事而发生冲突导致关系紧绷、破裂。

就拿剪指甲来说，饲主理所当然地认为，不剪指甲会容易使人受伤，或者抓伤家中其他的猫咪，而且指甲过长会倒插进肉球里，或损坏家具和衣物……我们有各种帮猫咪剪指甲的理由，但猫咪的想法只有一个——我自己会磨爪！

别忘了，先前我们说过，猫咪是很独立的生物，它们认为自己可以照顾好自己的指甲，所以不明白为何人类要用五花大绑的方式执行“剪甲仪式”。这让它感觉害怕、不舒服。即使进行的时间短暂，但因为会反复发生，久而久之就累积成了压力。

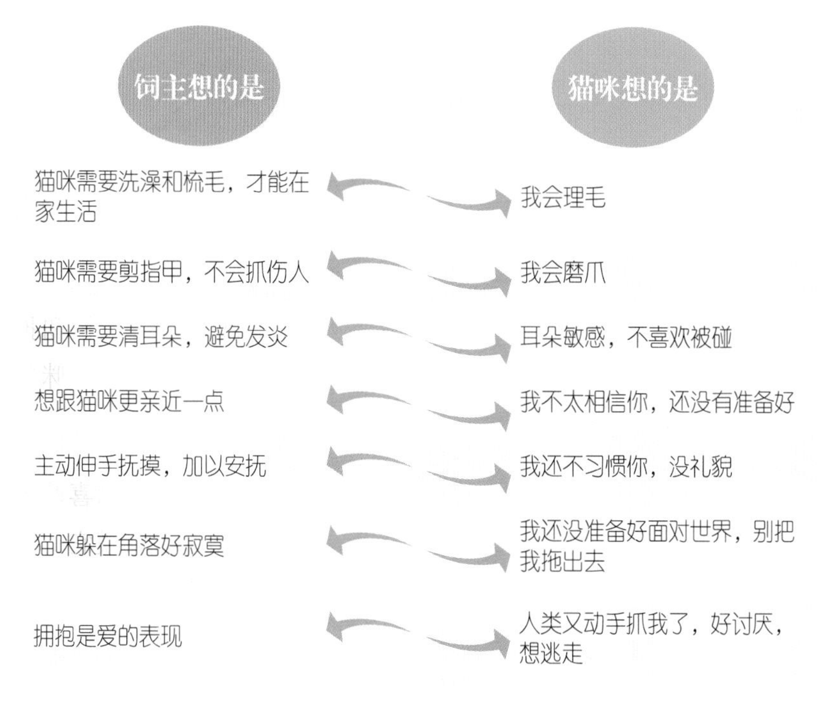

人猫所想大不同

所以，在与猫咪以礼相待、彼此互动达到了一个可信任的程度后，建立与猫咪之间更亲密的关系是很重要的事。与猫咪建立和谐且亲密的关系，除了能升级信任度之外，也让猫咪相信“饲主做的事情是不会给我带来伤害”的，它会渐渐信任你对它做的任何事情。

一旦你与猫咪有了足够的亲密信任，无论是在一般生活中的抚摸、抱抱，甚至是剪指甲、梳毛、洗澡等，一切与接触有关的互动，都不再是问题。

先前谈过，人猫互动不必刻意练习，而是应在生活中循序渐进。

先观察猫咪的状态，挑选适合的时机进行，让与猫咪的接触变成彼此关系变亲密的加分题。像是在猫咪渴望被抚摸且乐意互动的时候，给予令它满足的抚摸和适时的互动，同时注意猫咪是否有所回应等。

日常生活中的每一次接触，其实都为你与猫咪的关系默默加分与减分，因此掌握恰到好处的互动方式、技巧，是非常重要的事！

猫咪喜欢人时会有什么表现

主动接近人类，是猫咪喜欢一个人最明显的表现。如果你的猫咪会主动欢迎你回家、磨蹭你的脚、对着你轻声喵喵叫……这些都代表猫咪真的很喜欢你喔！

1. 从平常良好的相处建立信任关系

猫咪与人之间的关系有很多种，有的人与猫彼此都很独立，像同居室友；也有的家庭中人与猫关系亲近，像兄弟或闺蜜；当然，还有一种猫咪非常依赖饲主，把主人视为它的全世界……没有哪种关系模式是绝对最好的，主要得依照猫咪本身个性和平常的人猫互动情况而定。这些关系，都是在日常生活中逐渐养成的。

猫咪与人之间的互动有问题，归结起来大部分是因为猫咪搞不清楚人要对它做什么，而人所做出的行为让它先联想到一连串坏事，尤其是过往的可怕经验，于是猫咪的反应就很大。

如果能事先取得猫咪的信任，并且让它知道人所要做的事对它是无害的，便不会有触碰不到或是反抗不愿意的问题（尤其是在剪指甲或进行清洁时）。

一旦猫咪足够信任你，它就不会对你哈气或攻击。

2. 适时以退为进，让猫主动接近

仔细观察，你会发现一个有趣的现象：越是对猫咪不感兴趣、完全不主动接近猫咪的人，反而越像个“猫咪磁铁”，最受猫咪青睐。这也就以退为进的道理。

与狗完全相反，猫不会主动和人类建立关系和感情，所以想要与猫咪关系良好，需要我们主动踏出第一步。但是这个“主动”，却是要先被动，才不会让猫咪过于害怕而产生反效果。

例如，很多人只要看见猫咪因为害怕而缩在角落，便自然想伸手抚摸猫咪，试图告诉它“没事，别害怕”。虽然这个行为的出发点是为了关心和安抚，但站在猫咪的角度，“主动伸手”的举动太过主动会令它更加害怕，从而导致双方关系大大扣分！

那么，我们该怎么做，把主动改为被动呢？你可将食物放在猫咪面前后立刻离开。对猫咪来说，它学习到“他是来送食物给我吃的”，而且在你离开之后它能够安心吃饭不受干扰，这就是一个完整的加分行为。

生活中有许多小细节，时时刻刻都在帮你们的关系加分或扣分。例如猫咪跳上你觉得不可以上去的柜子或桌面，你顺手将它抱起，放到其他位置这件事中，你所认为的“抱”，对猫咪来说是不情愿地“被抓”，这在猫咪心中可能是一件非常扣分的事情。

大部分的主人都认为猫咪不喜欢被抱，仔细思考其原因是“抱”对猫咪来说，根本就是一次又一次的被抓，它每一次都联想到不好的感受。

所以下一次如果你需要移动猫咪时，可以换一种方式，将猫咪爱吃的食物拿到目标位置，或者拿玩具往你希望它去的地方丢，或者练习召唤猫咪的指令，让猫咪自动离开你在意的禁区，这样就不必将猫咪强行抱离了。

3. 看懂猫咪的状态再行动

搞清楚猫咪现在是处于何种状态，是建立亲密关系的一项重点。在对的时机点做适合的事情，才不会发生冲突。

譬如猫咪正处在狩猎模式的时候，如果饲主急着想帮猫咪剪指甲或是抱到腿上，就会发生咬手事故！因为此时的猫咪会将饲主移动的手看成是玩伴或游戏目标。

即使是从小训练的猫咪，若在狩猎模式下帮它剪指甲或要抱它，也有可能将主人的手判定为猎物或玩伴，而将主人咬伤，这时这在猫心中也是扣分行为。因此看懂猫咪的状态，是为了让双方的

沟通更为顺畅，避免我们在错误的时间点做了错误的事情，促使猫咪建立起不好的认知。

人是很粗心大意且自我意识极强的，但越是容易被人忽略的日常小事，猫咪越在意！例如当猫咪正要去巡逻，或是正专心地在闻嗅某种气味时，你顺手在它背上摸几下，猫咪没有拱背撒娇或是用头部磨蹭你，反而缩起背部加速离开……像这样的接触，不但对于彼此的关系没有加分，可能还会因猫咪反感而扣分。

抚摸猫咪是让彼此关系加分的最好方式。最佳的抚摸时机就是当猫咪主动来到你身边，且伴随着对你喵叫或是磨蹭，又或者是猫咪刚睡醒、即将要入睡的时候。如果你一开始猜不准猫咪的情绪，可以挑最有把握的时机来抚摸它，让每一次接触都是给它美好的体验。

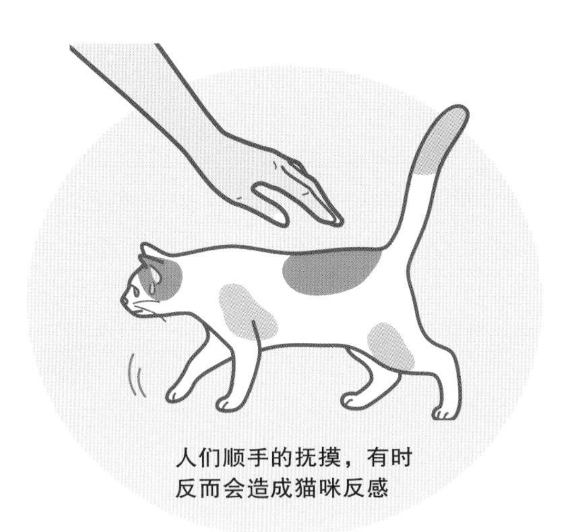

4. 给予猫咪真正需要的

“需要”与“想要”是不一样的，例如猫咪需不需要洗澡？猫咪当然会说它不需要，因为它认为自己就可以理毛。那猫咪需不需要穿衣服？猫咪当然会说它讨厌穿衣服，因为它已经有了毛皮，而且穿上衣服不方便理毛也不方便活动……无论是洗澡、剃毛、穿衣服、剪指甲，都是为了配合人类生活而做的事情，因此要想让猫咪快乐地接受这些事情，我们必须要努力。

然而，不是全部的猫咪都可以接受安排。像是洗澡，即使做了许多训练，猫可能还是无法喜欢，那我们可以思考“是不是非得做这件事不可”。如果洗不洗澡对猫咪的健康并无太大影响，那么在可以接受的程度下，可以减少洗澡次数，甚至不洗，都没有关系。

5. 让猫咪主动

曾有饲主问我：“你可以让猫咪趴在我的大腿上吗？为什么我家的猫咪不喜欢趴在我的大腿上？”这真是一个很小的心愿。但无论猫咪是真的不喜欢趴在人的大腿上，还是它根本不知道什么是趴在大腿上，抑或是可能是猫咪根本没有机会这么做，在主人看来，都是“我家的猫咪不喜欢趴在我的大腿上”。

关于这个问题，我们得先站在猫咪的角度思考。它曾经趴在主人大腿过上吗？如果有，然后发生了什么事？

先搞清“趴在大腿上”在猫咪的心中到底是什么感觉，或许主人认为这是一件温馨幸福的事情，但猫咪觉得又如何。

通常当主人希望猫咪趴在大腿上时，总是直接把猫咪抱过来，按倒在大腿上。如果猫咪安静趴下，彼此皆大欢喜，但通常因为猫咪对于被抱的印象很差，所以光是在抱它的那一刻，猫咪就开始不信任你了。它可能在空中挥踢四脚，等待降落，接着一落地后便立刻拔腿逃跑！如果能够顺利逃开，对猫来说，这次事件或许就到此为止，但假使主人不放弃，试图阻挡猫咪去路，并用限制的方式将猫咪硬留在腿上，那么这将是一次令猫咪学习到“趴大腿真是好讨厌”的不愉快经验。

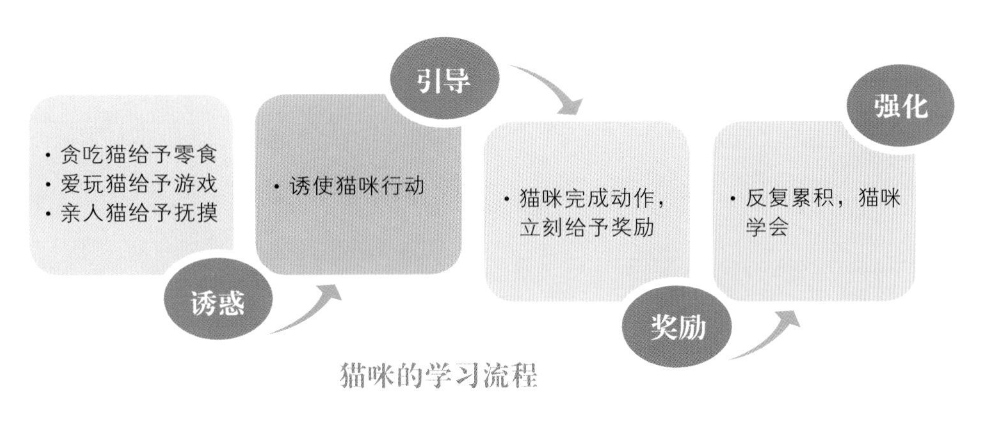

猫咪的学习流程

要想让猫咪学习一件事情，其实非常简单。先找到猫咪在意的东西，可能是食物的诱惑，或是与你之间的互动，用引导的方式让猫咪做你希望的事情，然后给予奖励，为猫制造一个美好的认知。

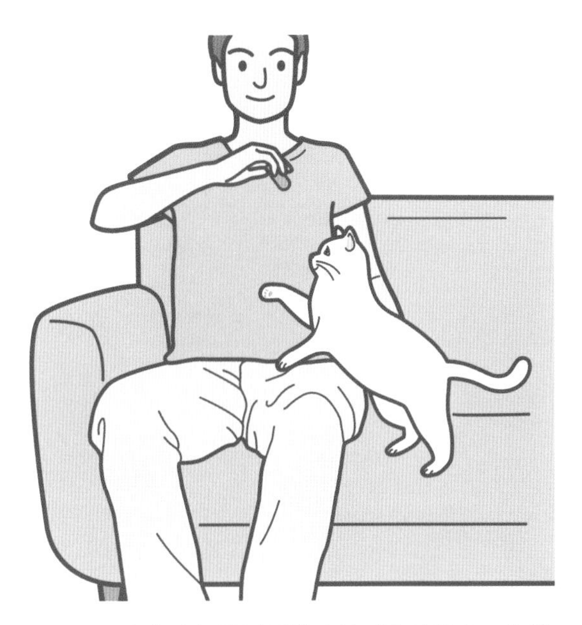

利用食物或抚摸引诱猫咪站到人的腿上，让猫主动亲近饲主

例如以这个案例来说，只需要换一个简单的方式，利用猫咪爱吃的食物，将猫咪一步步引导到主人的大腿上，让猫咪发现只要站到饲主的大腿上就能吃到美味的点心，之后再搭配手势引导猫咪过来，很快地，猫咪就会了解到“站到主人大腿上就有好事情发生”。在整个学习引导过程中，记得让它有活动的自由，要离开时，随时都能够离开，猫咪不觉得自己是被抓或是被迫的，自然就愿意时常去饲主大腿上趴着了。

最后，再慢慢将“食物诱因”从这段练习当中移除即可。因为整个过程都是猫咪自主自愿的，所以不会形成讨厌的印象。

如果你原本就和猫咪关系极好，可能完全不需要用食物来练习，因为主人爱的抚摸就是猫咪最喜欢的奖励。

第三章

怎样的家适合猫咪生活——

打造人与猫的幸福空间

新猫入宅，你准备好了吗

对于猫来说，特性是它与生俱来的，无法改变，因此主人只有了解了猫咪的需求，才能建立起适合它生活的作息和居住环境。

所以，如果你是与猫“一见钟情”或已经成为饲主的猫奴，建议你配合猫咪的品种特性，调整个人生活方式；但如果你还没有踏上“猫奴之路”，在思考要不要养猫时，请先衡量自己的生活状况，再做出选择。

现与所有准饲主与猫爸猫妈们，分享以下养猫“须知”。

1. 足够的生活空间是必须的

猫是不折不扣的独居动物，但猫与猫之间经常会因为资源充足而有群聚效应。通常同胎出生的猫咪，没有分离经验，比较容易培养出良好的关系，或许可以避免争夺地盘资源等问题。但以一般情况来说，一只猫需要的基本生活空间至少85平方米。

即使经过“住宅猫化”（指特意为猫设计、打造的居住空间，有适合猫抓的家具，模拟户外猫咪爬高、躲藏的猫走道、猫门等设置）的空间，也不建议饲养超过3只猫。足够的空间，才能保证每一只猫咪都能有良好的生活品质。

2. 创造理想的室内养猫环境

很多饲主都以为，把猫放在家里（或关在笼子里），给予足够的食物与饮水，再加上一块猫抓板，对猫来说就足够了。但这其实离养猫的“理想环境”差距极其遥远。

真正理想的室内养猫环境，需要以下条件。

理想的室内养猫环境

条件	说明
不关笼	猫咪在室内有足够的生活空间，可以自由行动
对外窗	至少要有一片清晰可见的对外窗，让猫咪能够晒太阳，并观赏窗外虫鸟或车水马龙的景象
猫抓板	设有多处可磨爪的平面板或垂直板、柱
休息区	一只猫要有3~5个不被打扰的专属休息区，提供其安心睡觉的空间
合理空间设置	例如饮食区和便盆区一定要明确分开
垂直空间	有垂直可攀爬的高处及可以躲藏的空间
专属设备	每只猫至少要拥有一个专属自己的食盆、水碗、便盆、睡窝，且不与其他猫咪共用

关于其他室内养猫环境的条件细节，后续内容中将进行更详细地说明。

3. 配合家庭环境与成员状况选择猫咪

网络上经常有孕妈妈及其先生咨询“孕期是否能够养猫”“猫和小孩能否共处”等问题。

其实，猫咪与小孩、婴儿绝对可以相处，但建议选择成猫。如果是已经长期饲养的猫咪，更能与小孩融洽相处，这是因为它们性情稳定，且习惯了家庭生活的方式和状态。此外，你也可以很容易地观察出猫咪对小孩的反应，例如：在小孩挥舞小手的时候，猫咪是否伸爪？

若是幼猫，它们可能会觉得小朋友挥舞的手很好玩，想要与小孩游戏互动，但幼猫游戏的方式通常都是利用爪子和牙齿，因此难免会发生冲突，相较之下，成猫就不太会发生此类事件。

一只社会化良好的成猫，懂得在小孩哭闹或是跑跑跳跳的时候自行离开现场。饲主只需要安排一条顺畅的通路，如墙上层板，让猫咪可以在高处行走，避开与小孩在地面发生“短兵相接”，避免冲突，就不会有抓咬的问题发生。

但反过来说，饲养幼猫必须要给予它们探索的空间，并接受社会化训练，因此饲主必须花较长时间，一天大约要5个小时以上来陪伴幼猫，与它互动、游戏。

因此，如果是独居或长时间必须在外工作的上班族，适合饲养一只学习状态、健康状况都稳定，且活跃度较低的成猫。

4. 养幼猫最好一次养2只

幼猫（1～10个月左右的猫咪，因品种不同，幼猫界定有些许差异）从8周起至1岁前的活动力非常旺盛，尤其是在2～10个月左右，会积极与同伴练习狩猎技巧。所以家中如果只有一只幼猫，而饲主又忙碌而难以兼顾，无法满足猫咪的狩猎欲望时，小猫就会把主人的手、脚视为猎物或玩伴，总想着要发动攻击。

因此，如果同时养2只幼猫，它们可以互相满足彼此的需求，减轻饲主的负担。

猫咪在年幼的时候，需要大量时间与同伴游戏互动。这个活动量并不是一般人能够满足得了的，即便是每天花上一两个小时陪玩逗猫棒，都难以满足幼猫的需求。因此家里如果能同时有其他年纪相仿的幼猫，它们会优先选择彼此进行互动。

不少爱猫者总会陆陆续续带回新猫，但新旧猫之间，需要较长的磨合期，新猫也一定会瓜分旧猫原本的居住、活动空间，导致家里的旧猫会经历一段非常紧张的时期。而相形之下，幼猫之间较不需要磨合期。

但必须注意，即使原本是同一窝生的幼猫，如果相隔几天分别带回家，它们也无法认出彼此，因为猫主要是利用气味来辨识，分开到了不同环境之后，猫咪的气味就会不一样，难免会因为气味不同、不熟悉而互相哈气。

有些饲主会想：我家里有一只成猫，但它平时看起来很无聊，如果再养一只幼猫，一方面给它作伴，另外一方面成猫还能教育幼猫，让小猫适应新环境。其实，这种想法是很错误的，因为再加入一只幼猫的结果经常是成猫追着戏弄、欺负幼猫！

多猫饲养请考虑猫咪性别

如果原本饲养的猫咪已经结扎，那么选择养公猫或母猫就不是主要问题。一般来说，幼猫较容易被原本的群体接受。

若家中原本饲养的猫咪还没有结扎，那么原有两只感情很好的公猫或是兄弟猫，则会因为新加入的母猫而大打出手。

猫咪小常识

成猫与幼猫的活动力与生活需求不同。成猫睡眠时间较长，而幼猫活动时间较长，再加上幼猫会主动寻求玩伴，而成猫并不会真的对幼猫发动攻击（通常成猫与幼猫正面交锋的结果，是成猫逃跑或它作势吓唬幼猫），最终导致跃跃欲试的幼猫不会善罢甘休，所以这样的组合不太理想。

除非饲主已经准备好充足的体力以满足幼猫的活动力，或是特意安排几处只有成猫能够独处的高处休息区，用以终结幼猫的骚扰，否则为了两只猫咪好，请尽量避免这样的饲养组合。

5. 猫是因为无聊才捣蛋

网络上经常有猫咪把桌面上的杂物、杯子，一一推到桌底下去的恶作剧影像，于是许多人便认为“猫咪是小破坏狂，桌上放什么都往地上推”“把东西推到地下，是猫的天性”。

这种想法只对了一半。

猫咪用手拨弄小东西，确实是天性使然，但不代表它一定会把桌面、架子上的东西往地上推，刻意进行破坏。

猫把桌上的杯子、遥控器等推下地，是因为缺乏玩耍、互动

事实上，如果猫咪每天都和饲主正确互动，饲主也满足猫咪渴望陪伴、玩游戏的需求，让猫咪有比搞破坏、推倒东西更重要、更好玩的事做，它们自然对把杂物往地上推这种无聊的事情一点兴趣都没有。

换句话说，猫会做推翻桌面上杂物的事情是因为它实在太无聊了！

再独立的家猫，都需要与人互动

多数人对于猫的普遍印象是“独立”。这个印象的基础，通常是相较于狗而言。

确实，比起狗狗来说，猫咪的性格较为独立。不过即使独立、看似与人较不亲近，但除开受到惊吓、过于紧张或攻击性较高的特殊情况下，一般的家猫都需要与家人建立互动关系。

所以除了提供食宿之外，经常和猫咪玩游戏、抚摸或是遛猫都是不可或缺的互动。

猫咪小常识

布置理想的猫咪生活环境

环境会促使猫咪去学习，如果我们能够安排一个合适的环境，就能使一些猫咪常见的恼人行为恢复正常。

环境对于猫咪来说有多大影响呢？我举3个简单的例子说明。

在单猫家庭或忙碌的独居上班族饲主家中，经常出现年轻猫咪过于依赖主人的状况，当主人出门和回家时，猫咪会不停用叫声引起其注意，久而久之便发展成为过度喵叫的问题。这是因为长期单调、缺乏变化的室内生活，无法满足猫咪巡逻、打猎的需求。白天猫咪独自看家的时间过长又无聊，只能期待主人回家后的互动。

而多猫家庭中，经常发生猫咪喷尿或是打架的情况，这是因为某些猫咪没有找到自己的独立专属休息区，或它们认为资源不足，于是产生喷尿或打架的问题。

另外，猫咪便盆的放置位置也需认真考量。有些比较胆小的猫，因为怕生而不肯在便盆中上厕所，所以在设置时必须考量到便盆位置对于猫咪的使用是否便利。如果家里唯一的便盆放置在猫咪不愿意靠近的位置，那猫就有可能选择憋尿或是另寻他处排尿，造成饲主的严重困扰。

以下我们将逐一说明，猫咪需要的几个固定生活区域。

独立、固定的喂食区

喂食区必须固定，并与便盆保持适当距离，不能同处一区。

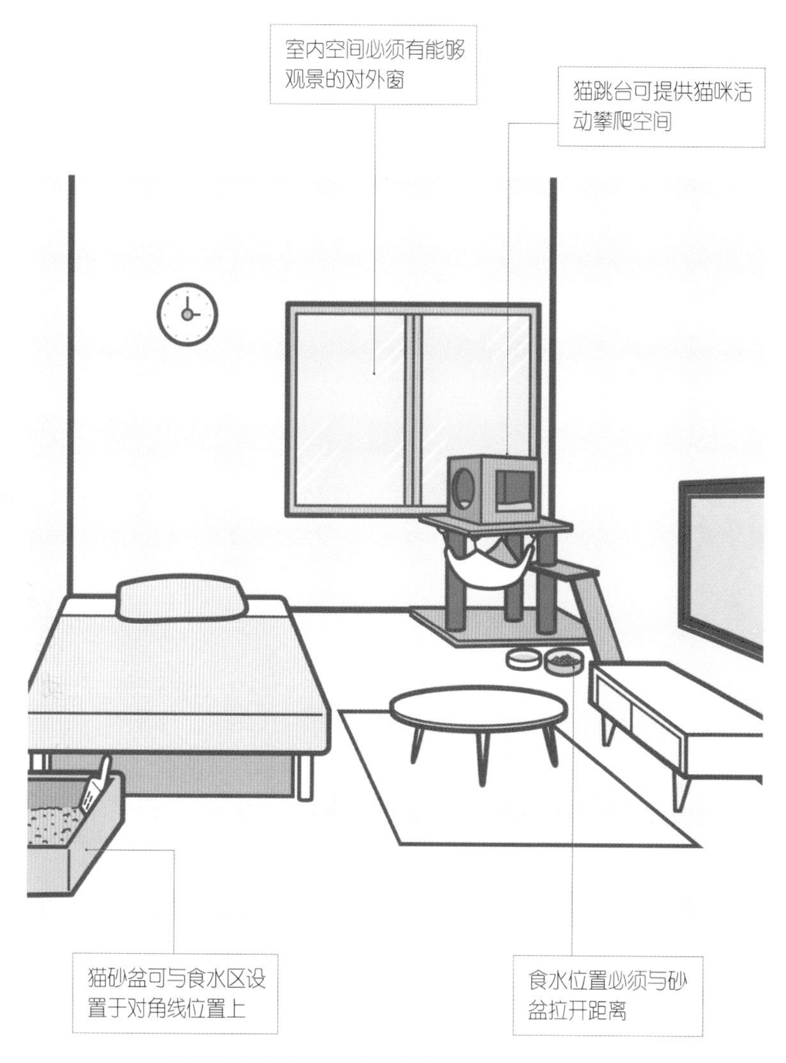

即使是狭窄的套房空间，也要注意生活区域的安排

如果是在同一房间内，可将便盆与喂食区设置在房间对角线位置上。必要时，还可将吃饭用的猫碗放置在桌面上，与地面的便盆做出明显分隔。

猫咪的饮水区域可于多处放置，一处与食盆并排，另一处可放置于猫咪时常经过的地方，以便提醒猫多喝水。

安心便盆区

以基本配备来看，一只猫必须配置有两个便盆。少数猫会在上完大号后紧接着到另外一盆上小号，但有些猫则是在主人清理的当下，就另寻他处上厕所了。

无论如何，给予两个便盆是保险的做法。这样安排可确保如果猫咪对于其中一个便盆不满意时，它的第二顺位选择是另一个便盆，而不是主人的床或沙发。

猫咪会自主选择自己喜欢的地方上厕所，而它们考虑的要点有三个：

1.安心

猫咪会寻找令其安心、没有顾虑的环境上厕所。其他强势猫或狗出没的地点、有人类时常出入的环境，经常会被猫咪排除在外。

若便盆附近声音嘈杂，会导致猫咪不愿意使用

2.安全

猫砂盆附近的环境如果不安全，容易发生意外（如打滑或跌落），而使它在使用过后受到惊吓，猫咪会认定这处地方是不安全的，于是便避免使用。

3.安静

猫咪对于嘈杂或刺耳的声音反感。如洗衣机旁边，因为受运转的声音影响，猫咪会不愿意在那个地方上厕所。

放松休息区

设置休息区的目的是让猫咪可以好好睡上一觉而不被打扰。通常猫咪会选择饲主的沙发或是床休息，但因为沙发可能随时随地被人使用，故对猫咪来说，不是一个随时都能够安心使用的地方。

但即便猫咪很喜欢与饲主一起睡觉，最好还是另外准备一个它的“专属休息区”，让它可以自由选择。

饲主可以先观察家中的猫咪喜欢在哪些地方休息，再将准备好的猫窝安置于此，这是设置休息区的不二法门。即使只有一只猫，建议休息区也可以多安排几处。

猫窝不必一定是市售商品，建议使用无纺布、牛仔布、毛巾布、瓦楞纸板或脚踏垫等材质的猫窝。这些材质在猫咪睡过之后，会留下浓浓的气味。

如果使用猫窝，可以选择屋型的，且最好有两个出入口，例如纸箱。也可以是吊床或是可供猫咪躲起来睡的“猫茧”。

在猫咪喜欢的地方设置休息区

我床边的书柜上，原本散放着一些零碎杂物，但因为猫咪时常待在那里，所以我将杂物收起，并简单铺上一块无纺布床垫，让猫咪更喜欢趴在此处休息，也不怕它把小东西拍掉。比起特意为猫咪安排位置，选择猫咪原本就喜欢的地方改放猫窝，更受猫咪欢迎。

猫咪小常识

高处观景区

猫咪很需要安全感，如果在高处安排一处观景区域，让猫能够从上方视角俯瞰自己所处的环境里有什么状况，可以有效提升它们的安全感。

观景台的位置可以靠墙或是墙角，确保有90°~180°的视线范围。以一般住家来说，高度大约是冰箱的高度。

另外，因为猫咪对移动的东西很感兴趣，因此对外窗是很好的“猫咪电视”。在窗户附近设置一座小跳台，让猫咪能在跳台上欣赏窗外的鸟、移动的车子或风吹的树叶，可以有效平衡室内单调的环境。

丰富巡逻区

前面提到猫咪的五大天性里，有一项是巡逻。猫咪的巡逻区是指家中可到的所有活动区域，以室内猫来说，理想的活动区域为85平方米或以上的空间，如果平面空间不足，可增加垂直空间来丰富环境。

如果饲主和猫咪有遛猫的习惯，猫咪的巡逻区就不限于家中，而是以家为中心点，以圆形向外慢慢扩大。

一个同时兼顾观景、休憩功能的对外窗，可丰富单调的室内环境

磨爪标记区

磨爪是猫咪的“标记行为”，猫可通过磨爪留下气味。在巡逻的途中，猫会寻找凸起的转角或者休息区磨爪。而磨爪区设置不光要考虑平面区域，也要考虑垂直区域。

除了地点之外，磨爪的材质也是决定性的因素，而材质喜好因猫而异，选对材质才能引导猫咪使用。一般牛仔布、麻布、剑麻、瓦楞纸一般都是猫咪喜爱的材质。所以，如果想要避免沙发被猫咪破坏，请在挑选沙发的时候，尽量避免编织布类，并在尚未遭殃的沙发两侧，放置适合猫咪身长的磨爪柱或磨爪板。

当沙发附近设有猫习惯标记的物品后，沙发自然就能逃过猫咪的魔爪攻击。

总之，保护家具的方法很简单：即预先为猫咪准备它能抓的物品，并放置在对的位置，这样就能有效防止猫咪自行选择时伤害了贵重家具。

埋伏游戏区

虽然一整个家都是猫咪的游乐场，但在人猫互动游戏的时候，如果环境一片平坦，缺乏遮蔽物，可能会让成猫感觉无聊而兴趣缺缺。

猫隧道、纸箱堡垒等物品都是增加环境变化的好物。对猫咪来说，这些能够让其躲躲藏藏、充满变化的物品，可以激起猫埋伏狩猎的欲望。

猫的磨爪区必须考虑平面与垂直的需求

住宅猫化，
让猫咪舒适生活

在谈过猫咪的理想生活环境之后，我们将更进一步探讨“住宅猫化”这一概念。

“住宅猫化”是这几年才出现的新名词，意指在人类居住的室内环境与猫咪需要的生活条件之间取得平衡，设计出适合人与猫共同居住的环境。

我们养珊瑚或是海葵，会考虑水质、光照、温度等条件；饲养鱼类会考虑一个鱼缸适合养多少条鱼，什么品种能够共同饲养，什么品种不宜同居一缸，等等。满足猫咪对生活环境的需求也是很重要的，但这点却经常被饲主忽略。

环境是影响猫咪行为的三大条件之一，无论解决哪一种行为问题，几乎都得进行环境调整。甚至可以说，对于大部分的猫咪行为问题，只需要做好环境调整，就可以解决一半。因为猫咪是独立自主的动物，只要给予它该有的，它就会管理好自己。

先前曾说，如果非得定义猫咪的生活居住空间，一只猫要85平方米左右。但事实上，现代人的居家空间狭窄，许多城市家庭很难到达这样的空间标准，也很少有家庭只单独养一只猫。不少生活在大都市的饲主们，常在套房里养两三只猫。在空间窘迫的状况下，利用丰富的环境变化来弥补空间不足，是确保人猫生活平衡的最佳方式。

那么，猫咪到底需要多大空间才够呢？这个问题其实没有标准答案，因为如果空间规划得当、动线流畅，每只猫都能够安心使用家庭提供的资源，猫和人之间能够取得平衡，即使是50平方米的套房，也能养两只猫。

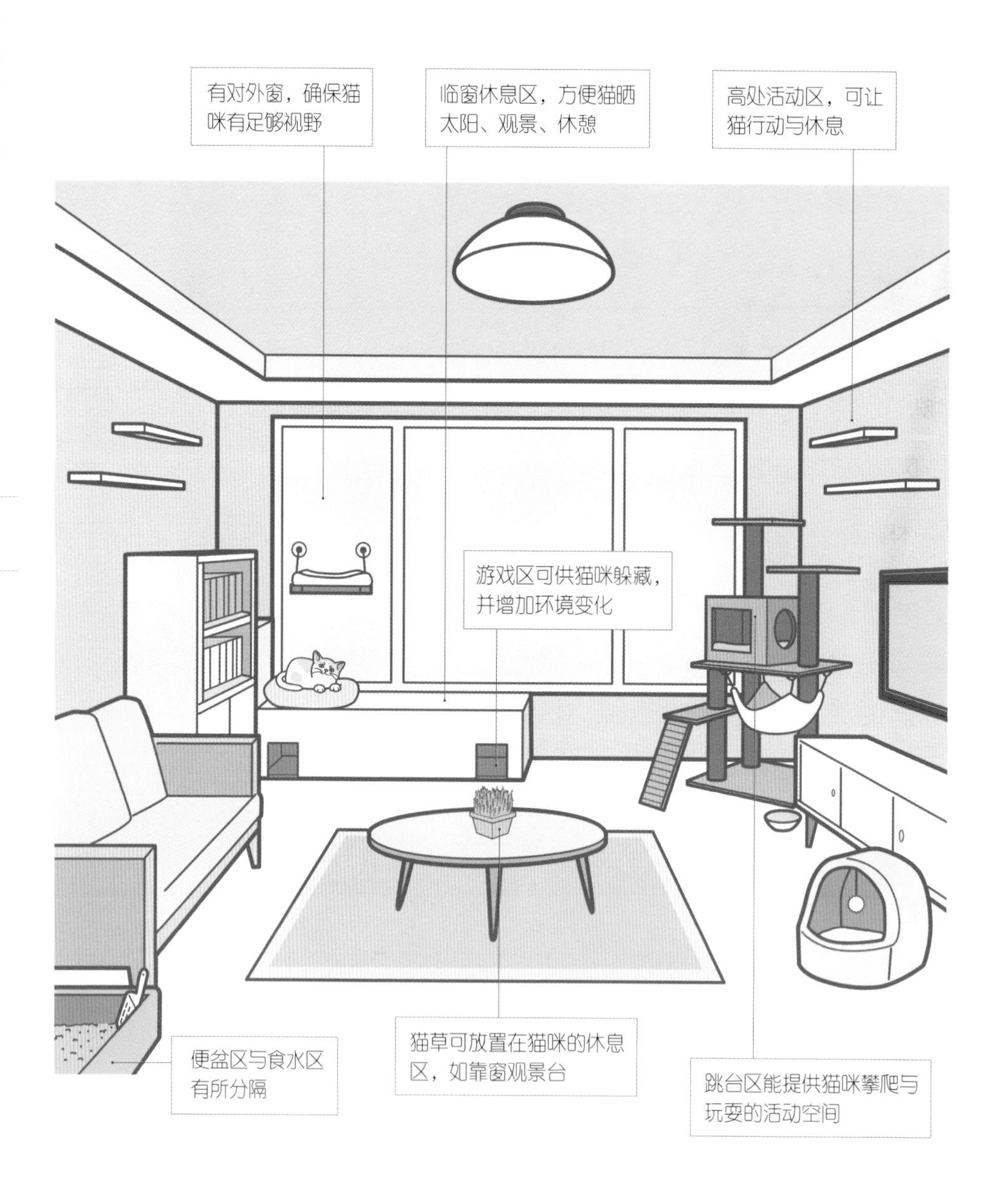

客厅住宅猫化示意图

并非空间大就是好，如果拿空荡荡的165平方米的住宅和设计良好的50平方米的猫旅馆来比较，经过设计的猫旅馆，空间运用肯定更加理想。

很多饲主一听到“空间设计”，就联想到专业室内设计。其实猫需要的空间并不需要花大钱制作，而是只要能掌握几个猫咪生活所需和符合其天性的要点，在家中稍加调整，就能满足猫咪需求。

住宅猫化四大要点	
动线流畅	室内空间尽量保持畅通，四通八达零死角
能够躲藏	给予丰富的躲藏地点，避免暴露，保证安心
磨爪区	设置磨爪地点，让猫标记气味，获得领土安全感
高处休息区	确保有高处通道或休息区，让猫咪能够从上方俯视，掌握领土的状况

猫咪需要“三层楼”空间

猫咪需要的“三层楼”和人所认知的“三层楼”是两种截然不同的概念。简单来说，猫咪的“三层楼”并非指真的楼层区隔。

把室内空间垂直分成三层来看，人与猫行走共用的地板是第一层楼，而桌子、沙发、床铺算是第二层楼。因为桌椅之间有连接断层，故很难在整个室内连成一条完整衔接的动线，假设猫咪站在沙发上想要到餐桌去，可能还是要先跳回地面，才能到走到餐桌的位置，这对猫咪来说就不算是完整的一个楼层。

因此，对猫咪而言，一般人类的住家设置只有一层半。

那么，完整的第二层楼在哪里呢？很多猫旅馆或宠物店，会利

猫的三层楼空间与活动动线

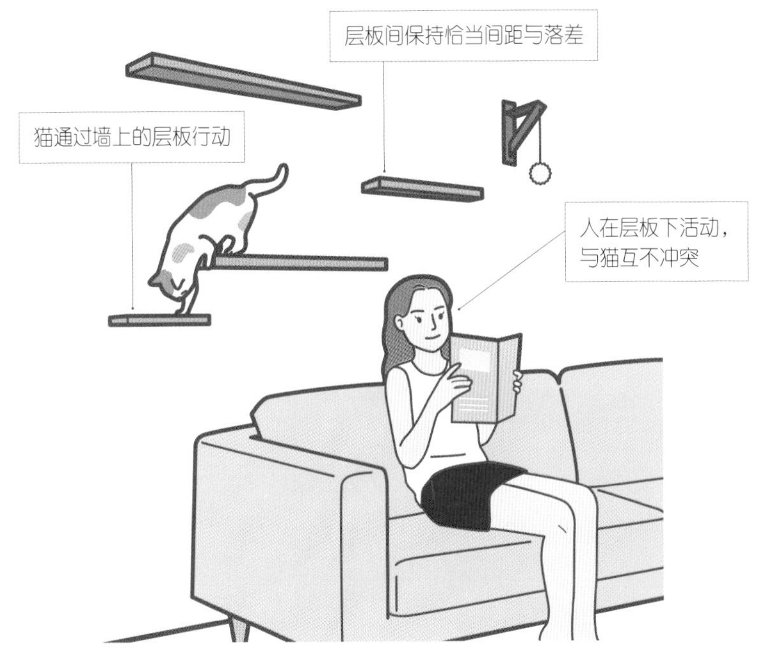

墙上设置有高低落差的层板，猫在层板之间行走、跳跃

用层板在墙壁上制造出一条走道，走道是连贯的，但并非完全连成一条线。通常层板与层板之间可以拉开适当距离，且有高低落差，让猫咪能够安全跳跃。这样就形成了顺畅的第二层楼。

第三层楼不只是比第二层更高的位置，最重要的是要确保人几乎不会接触到这个高度，像是冰箱上方或衣柜上方。这些位置除了猫以外，其他动物几乎无法上来。当猫遇到了需要独处或是它想要避开危险的时候，便能躲到第三层楼去，以减轻压力。

当猫咪在第三层楼的时候，饲主绝对不能够用手去将它抓下来，最好连抚摸都避免。当饲主设定好第三层楼的区域之后，就尽量不要靠近，甚至当猫咪在第三层楼时，避免与它互相注视，目的是让猫认为这个地点绝对安全，不会被任何人发现。

住宅猫化的三层楼空间概念

层别	环境设置	设定与功用
一层楼	地板	人与猫、狗或其他动物共同使用的平面，对猫来说在此容易受到干扰
一层半	较低矮的家具	如桌椅、床铺等具有高度的家具，因为具有衔接断点，无法连贯，即必须经过地板才能到达另外一点，因此算一层半
二层楼	墙壁上的猫通道	在墙上设置连贯的层板走道，层板与层板之间保留适当距离，且有高低落差，让猫咪能够安全跳跃
三层楼	家中制高点	冰箱或衣柜上方，让猫能够独处、观察环境的高处

尊重猫咪躲藏的需求

从第三层楼的安排就会发现，爱躲藏是猫咪的天性之一。日常生活中，猫咪喜欢钻纸箱、躲在箱子里，这就是爱躲藏的天性使然。它们真的想要躲起来的时候，甚至不希望被注视，期望“完全隐形”。尤其是多猫家庭，若猫咪彼此冲突，过多的视觉接触也会造成猫咪的压力。

有洞的纸箱更好

猫咪很喜欢纸箱，封闭的箱子可以让它安心躲藏，但如果能在箱子上挖几个洞，猫咪会更喜爱！它可以通过孔洞窥看箱子外头的动静，也不会因为纸箱上有洞而觉得自己被曝光。

猫咪小常识

即使饲主没有帮猫咪准备躲藏地点，善于躲藏的猫也会自己找到家中最佳的隐藏位置。这些地方通常是沙发底下、床底下或窗帘后面，甚至是一个连我们都没注意到的地方。

如果不希望猫咪躲藏在你不愿意它靠近的地方，就请预先为它安排几个它可以隐藏的地点。

躲在开孔洞的纸箱中，既能满足猫咪躲藏的欲望，还能窥视外界动静

考虑材质与设计，避免发生意外

为了方便猫咪能够自由行走到第三层楼，如果空间或环境许可，可搭建“天空走道”。

天空走道的设计，可以让猫咪彻底避开人来人往的地面，选择更安全的道路通往目的地。在多猫家庭中，设置天空走道有助于缓解空间冲突。

但要注意，不管第二层楼或者第三层楼，都需要注意层板材质与安全性，因为不见得每一只猫咪都擅长在层板或天空走道上跑跳，因此搭建的时候需要考量层板的间距、宽度以及防滑性。

常见的米克斯猫，或者是豹猫、俄罗斯蓝猫、暹罗猫等，都属于后腿较长、身手矫健的品种。为这些猫咪设置走道时，更需注重层板的攀爬性、防滑性与稳固性。

简单安排就能做到环境丰富

若家中有窗台，将其好好利用，如加设楼梯（或者猫咪跳台，方便猫爬高）、多个睡垫或猫吊床，就可成为能够容纳多只猫咪共享的绝佳景观区。也可在家中原有的收纳空间或书柜中，刻意空出一小块区域给猫咪专属使用，供其轻松躲藏。又或者可以将家中现有家具、桌椅柱脚缠上麻绳，它们立刻就能变成猫咪磨爪、攀爬的猫家具。

为什么猫咪这么喜欢纸箱

一方面，纸箱微粗的材质深受猫咪喜爱，既能供其磨爪，还能留下猫咪的气味，是做标记的良好材质；另一方面，猫咪有喜爱躲藏的天性，纸箱的大小通常以只能容纳一只猫咪钻入隐藏为宜。除了躲藏之外，它们也需要拥有这样独立的空间。

猫咪小常识

SOS！抢救家具抓花大作战

让很多猫咪饲主苦恼的是，随着猫咪越长越大，它们的破坏力也日渐增强。家具很容易成为猫咪“魔爪”下的牺牲品。

为什么猫咪总是破坏家具呢？它们是不是天生就喜欢搞破坏？

通常猫咪会破坏家具，都跟它的“磨爪”天性有关。猫咪必须通过磨爪，在环境中标记属于自己的气味，以确认地盘。猫必须在自己的地盘里活动，才会产生安全感。同时，磨爪会留下明显的视觉记号，对猫咪来说，这可是它在防卫家园的证明呢！

但饲主无法忍受猫咪搞破坏，经常采用斥骂或制止的方式试图阻止猫咪。不过如果做法不当，反而有可能造成人猫冲突。

阻止猫咪破坏家具并非不可能，只要饲主优先给予猫咪可以磨爪的专属物品，它就不会破坏家具。猫咪并不是破坏狂，它的想法很简单，如果有其他更好的磨爪选择，它对家具就没有太大兴趣。

不过也有很多饲主会抱怨：“虽然已经准备了猫抓板，但猫咪不肯用，它更喜欢抓沙发，怎么办？”

有以下几点办法，可以帮助解决猫咪破坏家具的问题。

1. 确定猫咪喜爱抓什么材质

磨爪是每一只猫咪的天性，但不同的猫喜好的磨爪材质都不一样，需要饲主多多观察、了解。

通常猫咪喜欢的磨爪材质有瓦楞纸、剑麻、无纺布、木板、牛仔布、编织藤叶等。一般市售的宠物磨爪商品，几乎都会使用这些猫咪喜欢的材质。所以，如果你家的猫咪不喜欢新购的磨爪商品，请尝试更换放置地点，或是检查环境，看看周边是不是已经有猫咪习惯磨爪的家具或物品。如果同一地点有两三种不同的磨爪物品存在，猫咪很容易忽略新抓板的存在。

另外，抓板放置的角度也很重要，必须先观察猫咪是喜欢抓平面抓板还是垂直抓板，抑或是两者皆有，再根据它的喜好放置抓板或抓柱。

2. 在适当地点放置猫抓板

要在哪里放置猫抓板，也是有学问的，通常可以考虑三种地方：

猫咪自己选定的睡觉处

猫咪睡觉的地方附近一定有它可以磨爪的东西，用以标记自己的气味。反向思考来说，如果你的猫咪喜欢在某处家具上磨爪，可以在家具附近安排一个专属的睡觉区，让猫咪能够在睡觉区尽情标记气味，逐渐转移磨爪地点。

活动范围的转角处

如客厅 L 型沙发的突出转角、家中主要通道的转角等，都可以放置猫抓板，让猫咪经过时就注意到猫抓板的存在。

◀ 家中的某个家具 ▶

如果猫咪已经选上了家中的某个家具，就将猫抓板设置在家具摆放的位置上。

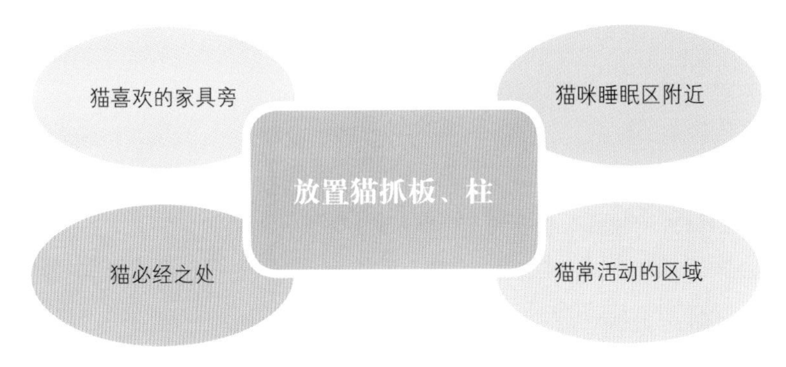

猫抓板、柱的最佳放置地点

3. 吸引猫咪使用猫抓板

选定猫咪喜欢的材质，添购抓板后，可以在新抓板上撒些猫草或是木天寥粉。猫咪如果有兴趣，就会过去磨蹭和磨爪。

有些猫咪会马上有反应，若猫咪没反应可能是吸引的时间点不对。不急，可以择日再试试看不同时段的反应。倘若超过三四天猫咪都不曾使用，可考虑更换其他地点。

很多饲主会想亲自示范给猫咪看看，如何使用抓板，或者强行抓起猫咪的爪子去磨搓抓板，这反而容易让猫咪紧张，或让它们对抓板有不好的印象，请务必避免。

4. 利用胶带反贴，降低家具的吸引力

已经遭到破坏的家具，因为带有猫咪的气味和磨爪记号而成为

猫咪磨爪的首选。想降低家具对猫咪的吸引力，可以利用双面胶带反贴在不希望猫咪磨爪的地方，猫会因为讨厌被粘黏的感觉而生出厌恶感。持续几周的厌恶感，会令猫咪逐渐放弃，转而物色附近其他可以磨爪的替代物品。因此，要记得在该地点附近先备妥可以给猫咪磨爪的替代品，才不会让猫咪把磨爪目标又转移到其他家具上。

5. 找寻替代品，远胜过恐吓阻止

很多饲主为了阻止猫破坏家具，寻求各种方法。有人趁着猫咪破坏（磨爪）的时候朝它喷水，但恐吓的方式会使猫咪焦虑，使人猫关系紧张、恶化，而且持续效果短暂，猫咪会在饲主不注意的时候继续破坏家具，或者更换破坏目标，防不胜防。

也有饲主购买市售标榜猫咪讨厌气味的喷剂，喷洒在家具上，希望猫咪因为厌恶而不再破坏家具。如果猫咪真的讨厌喷剂的气味，可能会有效果，但它仍有磨爪的需求，所以必须配合引导，给予猫咪其他能够磨爪的物品。

另外，很多人错误地以为猫咪是为了磨指甲而磨爪，只要剪短指甲就能减少磨爪。其实，猫咪磨爪的目的并不是为了磨平指甲，所以即使剪了指甲，猫还是会抓家具，而且一样会留下抓痕。

避免购买吸引猫咪磨爪的家具

给猫咪饲主一个良心的建议，选购沙发时尽量避免有交错编织的粗糙布面材质，因为这一类材质触感实在太容易吸引猫咪！即便给予猫抓板，都很难胜过这类沙发，因为在它心中，这类材质的沙发就是最好的猫抓板，且体积又这么巨大，简直令它们无法抗拒！

猫咪小常识

第四章

猫奴是这样修炼出来的——

第一次养猫就上手

考虑猫咪的遗传特性

现在你已准备好一切决定要养猫，或是预备要增加家中的猫咪数量，迎接第二只或第三只猫了。不管你是新手上路，或者是猫咪达人，在准备养猫或养新的猫之前，都得要问问自己：真的准备好了吗？

许多人爱上猫咪，是因为它们除了可爱，还自带有一种安静的神秘感。但也因为它神秘、警觉、疏离的天性，不像狗那般的热情，而很容易造成距离感。

其实猫就像人，每一只猫都有自己的性格。很多人即使与猫咪相伴多年，或者养猫经验丰富，也未必真的了解自家“猫主子”的特性与需求；更有许多“新手猫奴”因为缺乏对猫咪的认识而产生许多误解，并以讹传讹。

我要告诉大家，影响猫咪行为的三大要素是遗传基因、后天学习和环境影响。

不同品种的猫咪，带有不同遗传基因的个性

这里要谈的品种，不是指品种猫或非品种猫的优缺点或外形特征，而是“基因”带来的外在表现。

所谓基因，就是在猫咪们出生时就已经被决定的特质，无法通过后天更改。这些特质包括猫咪的外形、习性和好发疾病等。最简单的例子是：豹猫天生喜爱爬树，会飞跃。所以，如果您是饲养豹

猫的主人，就必须配合它的天性需求，给予它能够满足活动需求的空间，否则豹猫容易因为无法满足天性，而情绪压抑导致生病。

饲主越了解不同猫咪的特性，就越能够选择适合彼此生活方式的猫咪，避免日后因为不适合而带来问题。

那么，到底不同品种的猫咪，都有哪些不同点呢？我们可以通过几种特性来做分类。

爱碎碎念的猫

你有没有碰过那种喜欢“碎碎念”的猫？总是一天到晚叫个不停，还经常会用叫声与人互动，人说话，猫也说话，一猫一人，一问一答，看起来就像是听得懂人话一样。

暹罗猫、加拿大无毛猫、米克斯猫（台湾常见的混种短毛猫），尤其是橘猫，都特别爱叫，它们会频繁地用声音表达自己的存在和意见。

活泼好动的野性猫

有几种猫生来就是活力满满、精力旺盛、活动力十足，在生活上需要足够的空间可以跑跳、攀爬、伸展，甚至会经常自己“找乐子”，搞点小破坏。

这些“运动健将”，以豹猫、暹罗猫、阿比西尼亚猫或是米克斯猫咪为代表。

黏人的小奶猫

有的猫咪爱跑跑跳跳，独立玩耍，但也有那种爱撒娇、黏人、害羞，到哪里都缠着主人不肯松手的猫咪。

暹罗猫、加拿大无毛猫就是那种喜欢和人互动，总想着在你面前刷存在感的猫。

文静优雅的王子公主猫

波斯猫、布偶猫、异国短毛猫和喜马拉雅猫，无论走路或躺卧，都安静且优雅。它们的个性比较文静，较不爱叫，与人的互动虽然少了些，有点冷淡，但那也正是它们迷人的性格。

毛毛猫和无毛猫

有些人爱上猫，是因为猫咪那一身蓬松柔软的毛发。波斯猫、金吉拉猫、喜马拉雅猫可说是长毛猫的代表。但想要维持长毛猫们的美丽与健康，必须时常为它们梳理毛发。

有人觉得整天梳毛好麻烦，于是想选加拿大无毛猫来饲养，认为它几乎没有毛了，应该不用在梳毛上费力，可以省很多心力。但是我要提醒你，虽然加拿大无毛猫只有一层薄薄的绒毛，但皮肤需要尽量保持干燥、洁净，才能保持它的健康喔！

猫咪特性参考表

为了让猫奴们更清楚不同“猫主子”的特性，特别将几种常见猫咪的特性以数字区分如下。以5分为限，数字越大，表示该特性表现越强，供大家参考。

品种	活跃度	聪明度	被关注需求	美容需求	备注
米克斯猫（台湾常见混种短毛猫）	5	5	1	1	最健康也最活泼的猫
豹猫	4.5	5	4.5	2	聪明又活泼，极需关注
暹罗猫	4.5	5	4	1.5	
加拿大无毛猫	4.5	5	5	5	无毛猫需要饲主格外用心照顾
俄罗斯蓝猫	4	4.5	3	1.5	
英国短毛猫	3.5	4	1	2	短毛猫，照顾起来较不费力
美国短毛猫	3.5	3	3	1	短毛猫，照顾起来较不费力
苏格兰折耳猫	3	4.5	3	3	
挪威森林猫	3	4.5	3	3.5	
布偶猫	2	4.5	3	4	
波斯猫	1	2	4.5	5	毛长，需要经常梳理
喜马拉雅猫	1	2	4.5	5	毛长，需要经常梳理
异国短毛猫（加菲猫）	1	2	4.5	2	生活空间需求低，但因扁脸基因，容易发生呼吸困难与健康问题

无毛猫知多少

加拿大无毛猫，又叫作斯芬克斯猫（Sphynx）。

乍见到这种猫，很难不被吓一跳！与常见的毛绒绒的猫咪不同，它看起来光溜溜的，浑身充满皱纹，四肢长但肚子大。这种猫的脾气虽好，但非常需要陪伴，有人说它们的性格与狗相似。但无毛猫因为缺乏毛皮的保护，再加上身体汗腺不发达，因此在体温的调节上，较一般猫咪差，夏天容易中暑，冬天则需要适当保暖。

猫咪小常识

迎接
喵星人回家

当一只猫咪来到你的家庭，除了各种饲养时需要的装备之外，你还应该为它打造好适合生活的环境。

而新猫入住，总会有各种不适应或困扰。空间的合理安排与设置，能让你的猫咪顺利适应新环境。

为新猫准备独立安静的空间

无论是饲养成猫或是幼猫，刚到新环境的猫咪都需要一个独立安静的空间。你可以选择家中一间使用率最低的房间作为猫咪进入新家的起点。

让猫咪在环境单纯、较少人出入的空间独处，有助于减轻它的不适应性，避免它一直处于紧张的情绪下。

通常只要一把猫咪放进房间，它就会立刻消失得无影无踪。不用担心，也不要着急把藏身在角落里的猫给找出来，只要你先妥善安置好猫咪的东西，它会依照自己适应的状况，渐渐扩大活动范围，自然而然地出现。

让猫咪探索与适应新环境

带着新成员回家的心情是既期待又兴奋，很多饲主一进家门就迫不及待地想与猫咪玩耍互动。但无论任何年纪的猫咪，搬到了新环境都需要一段时间适应及探索。

它会先观察四周的动线，确定附近可以躲藏的地点，待确认周围的人、事、物都安全了以后，才会慢慢进行探索，等探索完毕，再开始与家人互动。

4个月内的幼猫，好奇心重且胆子较大，因此适应时间通常比成猫来得快。一般对人类社会化经验良好的幼猫，可能在角落里窝个几分钟后就会想要游戏了，但如果是与人类社会化经验不良的猫咪，可能需要较长的时间才肯愿意出来走动。

无论如何，想要帮助胆小的猫咪能够快速适应环境，首要就是“不要积极与其互动”。将猫咪的食物、水、休息区及便盆等配备安排妥当之后，便可多给予猫咪适应的时间，不要主动打扰，不予理会。当我们发现猫咪越来越愿意出来走动，步伐自在，不再躲躲藏藏时，便可以进一步与猫咪游戏互动。

尊重猫咪，让猫咪决定它是否参与活动，可以更快地打开猫咪的心房，帮助猫咪更快融入家庭。

新旧猫相遇，该怎么做

很多饲主的家里不只养一只猫，对多猫家庭来说，该如何让新旧猫之间的关系达到平衡，让旧猫接受新猫，也让新猫融入生活环境呢？有以下几个方法：

◀ 区分活动范围进行隔离 ▶

在新猫入宅时，区分好家中原有猫咪和新猫的活动范围。新猫必须隔离在旧猫使用率最低的房间里。

◀ 彻底隔离是必要的 ▶

一开始的隔离是视觉与肢体彻底隔离，之后依照家中旧猫的接受情况，渐进式地让两只猫发生视觉接触。每一次的视觉接触都必须是短暂的，且在接触后应有猫咪预期性的好事发生，例如每次视觉接触后，给猫咪吃最爱的罐头。直到视觉接触没有不良反应后，再渐进式地让猫咪短暂相处在同一个空间中。

◀ 错开活动 ▶

新猫和原本的旧猫（群）必须错开活动时间和空间，让新猫与旧猫每天轮流巡逻公共空间。猫咪们会通过巡逻时留下的标记气味，渐渐熟悉、认识彼此。

◀ 建立彼此良好的第一印象 ▶

在新猫进入家庭的同时，为旧猫（群）“加菜”，并新增便盆和休息区，营造一种“这是新猫加入所带来的贡献”的效果，可以帮助猫咪建立彼此良好的第一印象。

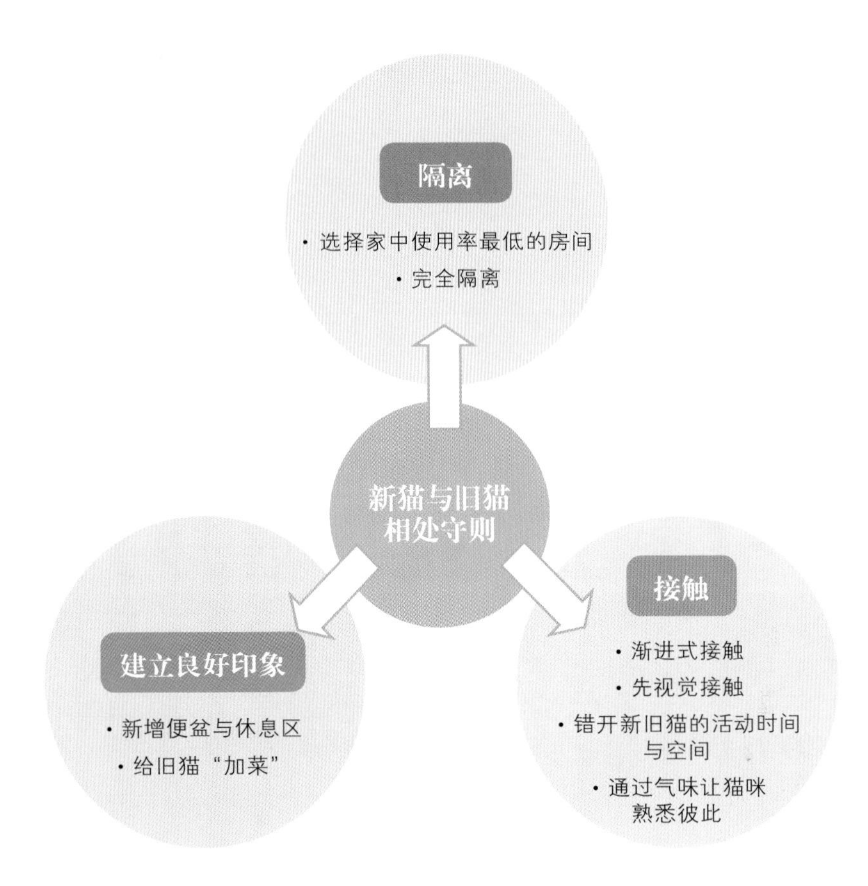

新、旧猫咪的相处守则

养猫的家庭很少有只养一只猫的，但多猫家庭难免面对新、旧猫相处的问题。唯有饲主细心协调，才能降低猫咪融入纷争，让旧猫安心，也让新猫快速融入家庭环境，放心在新环境中生活。

猫奴必修逗猫大法

常听到主人说“猫咪年纪大了不爱玩”，其实爱玩的猫咪才是快乐的猫咪，不管任何年纪的猫咪，都有游戏打猎的需求，只是成猫相较幼猫来说活动力略低。即便是衣食无缺的猫咪们，也需要通过打猎来抒发压力或是增加自信心。如同我们生活中遭受大大小小的挫折或积累压力后，都会选择适合自己的方式，将压力得以释放，让生活达到平衡。反之，若长时间存在压力，就会发展出猫咪的“行为问题”。

逗猫是饲主每日必做的功课，目的在于通过逗猫游戏，让猫咪练习打猎，并从中使得狩猎欲望得以满足及排解压力，还可以让猫咪学会如何与人正确互动。可以说逗猫游戏简直就是治疗行为问题的最佳良药！

选择玩具

猫咪的玩具可分为三种：

猫咪自己玩的玩具

小毛毡球、抱蹋枕（猫草包）甚至是地上的小垃圾或杂物等，都属于这种玩具。猫咪经常会突然玩起地上的小东西，或是用前爪拨弄，试探看看这些东西的反应，是否会动？是否会逃跑？是活的或是死的？这样的游戏行为是自发性的，主人不需要与猫咪做互动，让猫咪自由发挥就可以了。

如果生活中很少看到猫咪自己主动玩起来，可能是因为环境中没有引起猫咪兴趣的小东西。

抱蹋枕是可以让猫咪使用抱踢大绝招的最佳玩伴！神奇的是不需要做任何引导，只要猫咪看上了这个玩具，就会本能地抱踢它，这完全仰赖天性。

抱踢枕可让猫咪练习抱踢技巧

猫咪和你一起玩的玩具

人猫互动的玩具，有各式逗猫棒或抛接球等。通常像钓竿一般的逗猫棒在使用上较富多样性。即可以依照猫咪喜欢的狩猎方式，模拟地上爬行的猎物或是空中飞跃的猎物，且钓鱼线上的玩具猎物也可以依照猫咪各自的喜好做更换。

大部分的猫咪对于羽毛类材质的玩具都非常狂热，也有猫咪对于细长的线无法抗拒。

多猫一起共同玩的玩具

各式益智掏掏乐、自制慢食滚筒之类的玩具，适合于许多猫一起玩“动手动脚”的小游戏。猫咪擅长用手（前爪）获取猎物或小东西，我们可以利用这点，让猫咪在它自己的玩具上获得乐趣与满足。

多猫家庭可以准备足够的奖励品，如零食，让每一只猫都有机会获奖，以增添下次再来玩的欲望。

慢食滚筒可以让猫咪边移动边吃，降低吃饭速度，同时也让吃饭这件事情变得有趣，对于生活缺乏互动或是精力旺盛的猫咪来说有些许帮助。

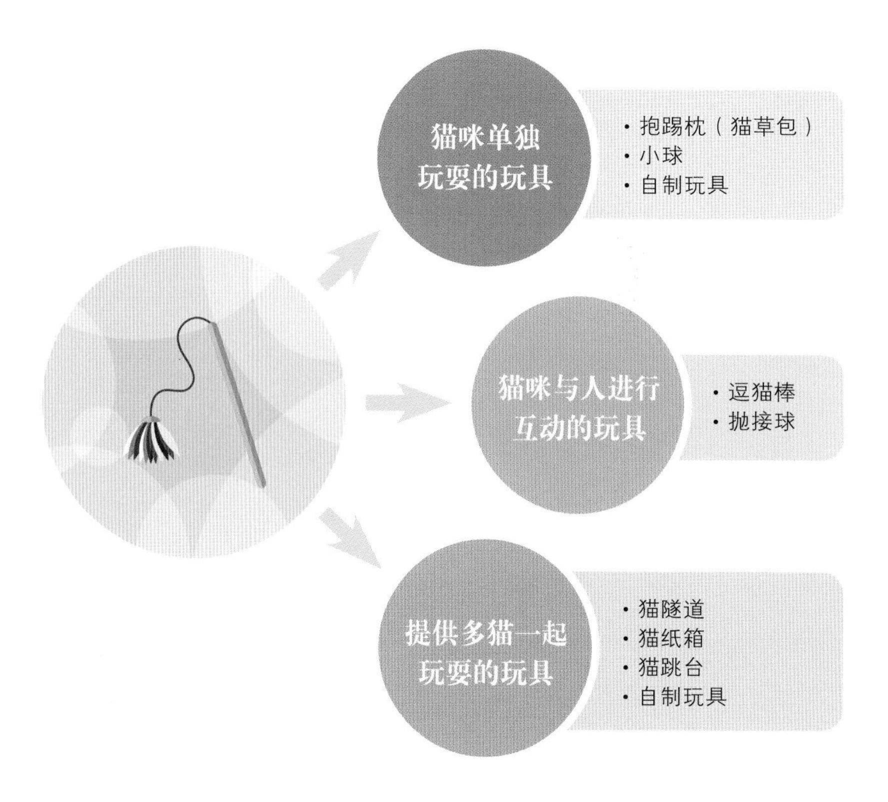

常见猫玩具的三大分类

逗猫大法

快速移动、瞬间消失、地上拖行、头顶上盘旋的移动方式，能够激起猫咪追捕猎物的兴趣，但因为每一只猫咪擅长的游戏方式不同，主人需要细心观察猫咪对于哪一种移动方式最为兴奋。

除了移动方式之外，玩具的大小和形态也很重要。

猫咪对于和它手掌一般大的小东西比较感兴趣，因此小纸团、小毛毡球都能够激起猫咪追捕、玩弄甚至叼起拾回的欲望。

另外，线状物品也让猫咪难以抗拒，例如缎带、细麻绳等。但玩耍时必须有主人陪同，以防猫咪误食。

最重要的是，必须让猫咪成功抓到猎物，以获得成就感，培养自信心。

猫咪的玩具必须要与人类日常生活使用的东西区别清楚，不能混用。

大小

- 与猫咪手掌一般大小为佳
- 方便猫咪追捕、玩弄、叼起为优先

避免与日常生活用品混用

- 不使用橡皮筋或发带引逗猫咪

形态

- 找到猫有兴趣的玩具
- 线状物最容易引起猫咪的兴趣

安全性

- 注意误食危险
- 注意受伤危险

挑选猫咪玩具的重点

例如有些人会使用日常生活中的小东西，如橡皮筋或是发圈等物，与猫咪玩耍，猫咪会很快认为这些东西是可以被狩猎的对象。因此，即使游戏结束，当猫咪再看到家人头上使用的发圈或相关用品时，又会生出狩猎之心，为了得到猎物（玩具），便进行抓咬或攀爬到人身上。

建造有丰富地形变化的猫咪游乐场

对猫咪来说，平面、垂直面、杂物堆和各种障碍物，在它眼中都叫作“地形变化”，比起平坦一片的空地，丰富的地形环境更能激起猫咪的游戏欲望。

成猫与幼猫的活动力有很大差别。

精力充沛又什么都好奇的幼猫，即使是在平坦的空地上，只要是会移动的东西都能够激起它狩猎游戏的欲望。但针对逗不太起来、兴趣缺缺的成猫，可以尝试丰富地形变化，如随意搭建纸箱、设置猫抓板、增加游戏场高低起伏的变化与躲藏的空间，或是将游戏场地移到猫跳台附近，引导猫咪在跳台上抓猎物等。

多猫家庭的最爱：猫隧道

猫隧道是猫咪很喜欢的游乐场器具。如果是多猫家庭，建议选择有3个出口以上的隧道，这才不会发生围堵的情况。

猫咪小常识

猫咪挑食怎么办

不少饲主因为猫咪挑食而感到困扰，但猫咪和所有生物都一样，无论是害怕、攻击、寻求安全感还是繁衍后代等，所有的行为都是为了求生存。而与生存最直接相关的就是吃饭，所以没有一只猫咪会把自己饿死，或是利用绝食抗议某些事情，毕竟它们没有这么复杂的思考逻辑。

为什么猫咪会挑食

猫咪是在和人类生活之后，才发现如果不吃眼前的食物，等一下就会出现自己更喜欢吃的食物。因此学会了以“不吃饭”作为手段，获取想要的结果。

通常饲主不忍心看猫咪饿肚子，也无法抗拒它们撒娇、讨食的各种花招，于是妥协让步，让猫咪选择它爱吃的那一种食物，最后不小心将猫咪训练成挑食的家伙。

另外，导致猫咪会挑食，还有另外一个重要原因——猫有喜欢与厌恶的逻辑。猫咪不会勉强自己去接受厌恶的事物，并且会在有选择的情况下，每一次都选择它比较喜欢的那一个。

猫咪并不知道这个世界上有多少种猫粮、多少种猫罐头，是主人买进家里的各种食物，让它开始有了新鲜感和选择的依据，于是产生喜好，甚至导致挑食问题。

不勉强猫咪改变对食物的喜好

面对挑食问题，我们不必干涉猫咪的口味、喜好，也不必用训练的方式勉强猫咪吃不喜欢的食物。

猫可以有自己的饮食喜好，除了气味、口感之外，对口腔不健康或牙齿有问题的猫来说颗粒大小、颗粒形状，甚至吃的次数多寡及食物出现频率，都会影响它们热爱或嫌弃某种食物。

在处理猫咪挑食的问题上，我们必须理解它不吃的原因，试着帮猫咪选择它能接受，并且符合身体健康状况、可以长期食用的饲料。

市面上的猫食琳琅满目，你一定可以找到适口性极佳的产品，将这些产品放入你的清单，适时做更换。

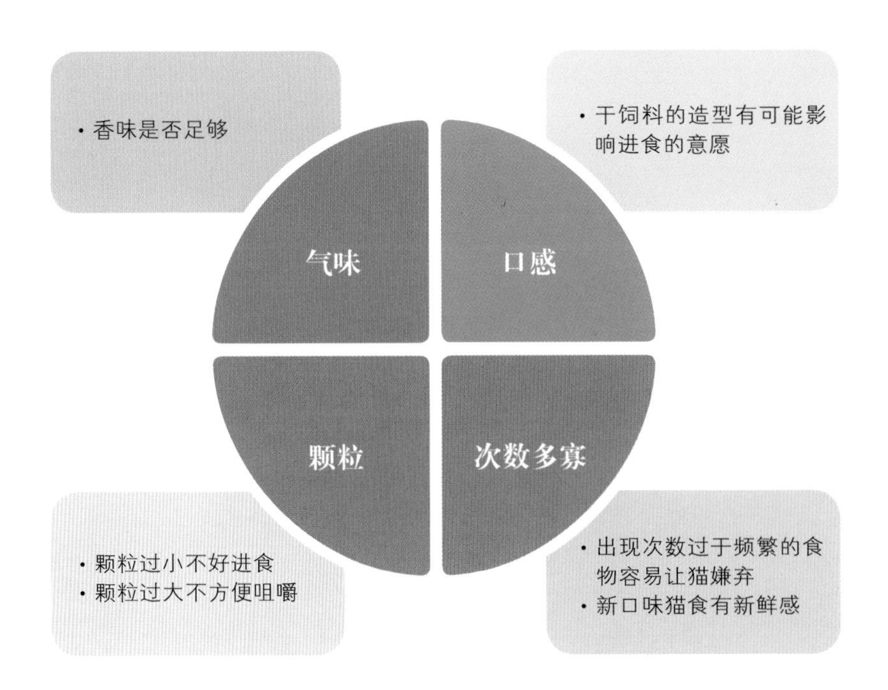

影响猫咪对食物喜好的因素

猫咪会根据喜好选择食物，
逐渐衍生出挑食问题

找出猫咪不肯吃的原因

对饲主来说，只要猫咪不吃饭，都会被认为是挑食。但其实必须先厘清，猫咪到底是“不愿意吃”，或是“吃腻”，还是“它没那么饿”。

猫咪不愿意吃

“不愿意吃”是指猫咪对于一种食物毫无兴趣，认为不好吃。

在确定猫咪饥饿的状态下，第一次让猫咪尝试这个食物时，如果出现闻一闻就掉头离开的行为，代表这一食物完全吸引不了猫咪。

如果这是必须吃的，可以尝试混合猫咪原本爱吃的食物，按照3%到5%的比例，每日慢慢添加新食物，让猫咪有机会学习，并逐渐接受。

猫吃腻了

如果是猫咪平常会吃的食物，但过了一阵子就不太愿意吃了，那就是吃腻了。倘若在吃腻的阶段，出现更吸引猫咪的食物选择，它就会抛弃已经吃腻的食物。

为了预防猫咪吃腻，建议每两周更换一次罐头。

猫没那么饿

很多时候饲主过于大惊小怪，看到猫咪不肯吃饭就觉得它是挑食。其实，猫咪只是还没有饿，只要将食物放着，等一会儿它就肯吃了。

但如果一发现猫咪不肯吃，就立刻换一种新食物劝诱猫咪去吃，那反而会导致它挑食！

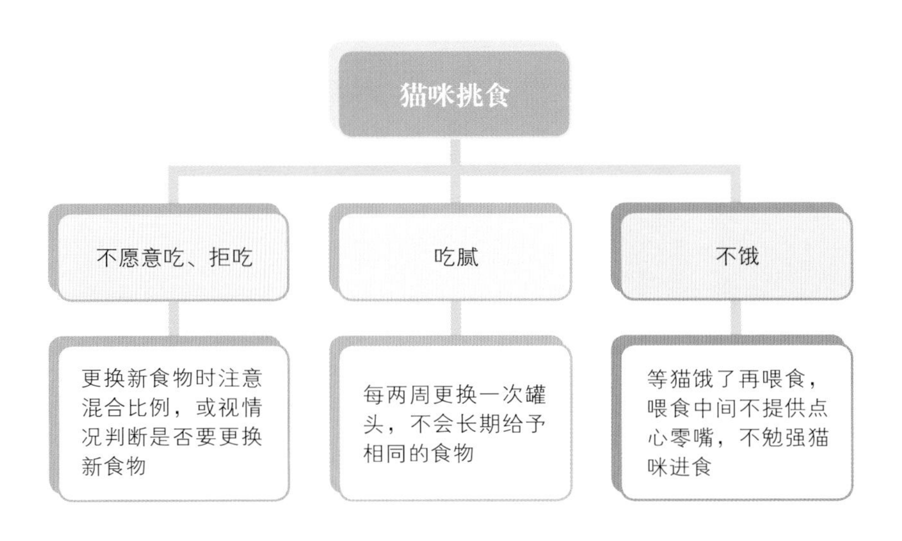

判断猫咪挑食的原因和处理方式

引导猫咪吃指定食物

1. 放下食物后，若猫咪不吃并且离开，请将食物立刻收起至猫无法取得的地方。

2. 等5~10分钟后，再将该食物放回猫咪面前。此时，挑食不算严重的猫咪，可能就会快速妥协。

3. 若第二次给予食物，猫咪还是不肯进食，可用手指沾一点食物轻抹在猫咪鼻子上，肚子饿的猫会因此打开食欲。

4. 若猫咪还是不肯吃，请等下一餐再给予一样的食物。但两餐之间，不能给猫咪其他选择或点心。

猫咪的喂食方式

喂食常识与技巧

对于健康状况不佳的猫咪，首先要保证它“愿意吃”，不必特别处理其挑食问题，并听从兽医师的意见。

当你必须要替猫咪改变食物的时候，考虑到每一只猫咪对于食物的接受度不同，在混合新旧食物时，混掺比例必须以每一次猫咪愿意吃的程度为考量。通常换新食物而猫咪不愿意尝试的原因，在于食物更换的速度太快。因此，增加新食物比例的速度越慢越保险，对猫咪来说，愿意多吃一口，就是很大的进步呢！

轻松修剪猫指甲

几乎每个养猫的人在给猫咪剪指甲的时候都很苦恼，有些饲主甚至很难碰触猫咪的爪子超过2秒，常常一碰到猫脚，它们就立刻缩起。无论平时多么亲近，只要一帮猫咪剪指甲，它们就唯恐避之不及。

到底为什么猫咪这么防备人触碰它们的爪子呢？这跟它们先天的构造有很大关系。

猫咪的爪子是它们重要的必备“工具”，在上下攀爬的时候用以抓地，在追捕猎物的时候用以阻止猎物逃跑，在遇到危险的情况下用以自我保护。因此，在信任度不足的情况下，猫绝不会轻易将重要的爪子交给主人处理。这也是为什么对很多饲主来说，想要帮猫咪剪指甲，总要经过一番战斗的原因！

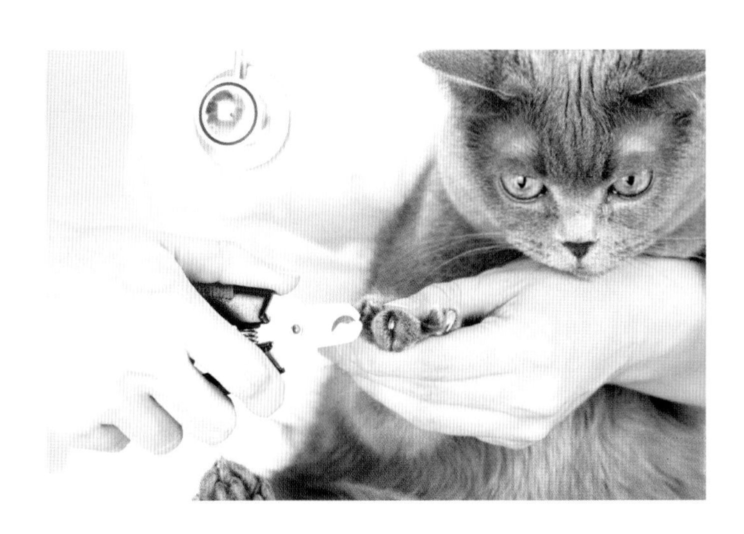

1. 建立信任

首先，必须要让猫咪习惯主人与它的肢体接触。信任必须建立于每一次的肢体接触都是美好的经验上。

怎样才算是美好的肢体接触经验？这取决于接触的时候发生了什么事。如果抚摸猫咪后，饲主得到猫咪磨蹭或呼噜且前脚抓抓、踩踏的反应，代表猫咪非常享受这样的接触，并给予了正面回应。

但反之，若肢体接触后猫咪立刻离开或是抓咬攻击，代表猫咪对接触这件事有非常负面的体验。如果出现这种问题，就必须从接触练习重新开始。

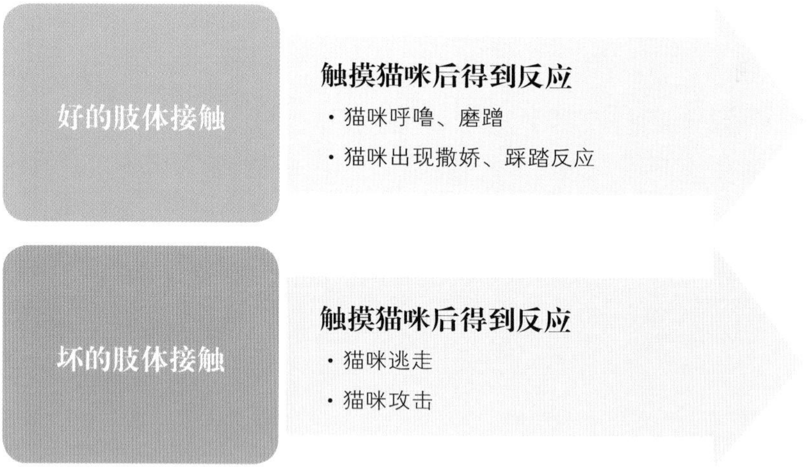

好的肢体接触	**触摸猫咪后得到反应** · 猫咪呼噜、磨蹭 · 猫咪出现撒娇、踩踏反应
坏的肢体接触	**触摸猫咪后得到反应** · 猫咪逃走 · 猫咪攻击

猫咪肢体接触的好坏反应

2. 选对时机是关键

什么是剪指甲的好时机？你可挑选猫咪处于安定的状态时进行，这时的猫咪配合度高且容易成功。

猫有固定的生理作息，也有当下优先必须要执行的事情，例如狩猎、上厕所、巡逻、吃饭、躲避担心的事物。因为猫咪不会言语，饲主可以观察猫咪是否正专注在其他事情上，如果猫正忙着做别的事，请另外选择适当时机。

哪些时机算适当呢？例如，猫咪回到自己经常睡觉的休息区，侧躺下来时；或是当猫的睡姿呈现手脚外露的状态时，都是非常好的练习时机。

练习不需要刻意或强迫。如果饲主和猫咪相处愉快，猫咪在家中能够正常放松，你每天都有机会遇到猫咪安定躺下的时刻。

在这样的时刻，请用平常抚摸猫咪的方式与猫接触，将猫咪带入安心且开心的情绪，再开始修剪指甲。

刚开始练习的时候需要随时注意猫咪的状态，是否有尾巴的摆动或是身体的闪躲？请在猫咪不耐烦之时就停止剪指甲的动作。

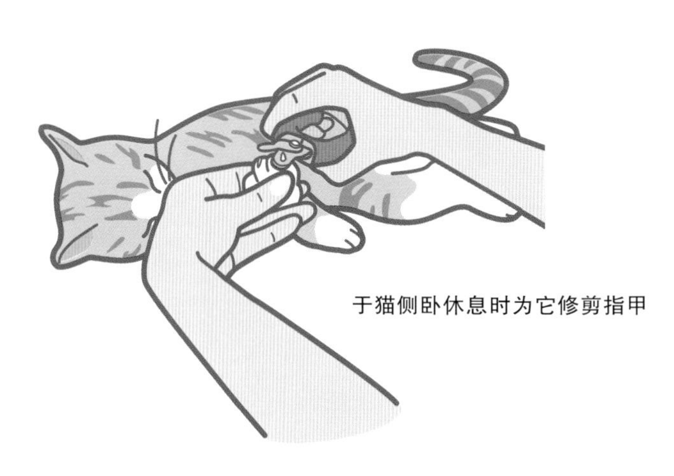

于猫侧卧休息时为它修剪指甲

3. 不可操之过急

很多饲主都会犯以下几种错误：

过于急躁

开始剪指甲练习后，千万不可操之过急。不用给自己定太大的目标，即使一次只剪一个指甲也没关系，完全没剪到也没关系，只要猫咪稍有不情愿的反应就要立刻停止，等5分钟、10分钟后再剪第二个指甲。必要时可以完全放弃，等下一次猫咪情绪安定的时段再练习。

别强迫猫咪

有的饲主因为着急，会将猫咪五花大绑，让猫咪在强迫状态下完成剪指甲。

选择猫咪休息放松时进行
- 猫咪侧躺休息时进行
- 避免猫咪玩耍时进行

先抚摸猫咪让它开心松弛

一次只剪一个指甲
- 不可操之过急，不求一次全部剪完
- 不束缚、压制猫咪的行动

快速完成并放手

观察猫咪反应
- 注意猫尾巴摆动的状况
- 留意猫咪是否有闪躲的情况

反应不良立刻罢手

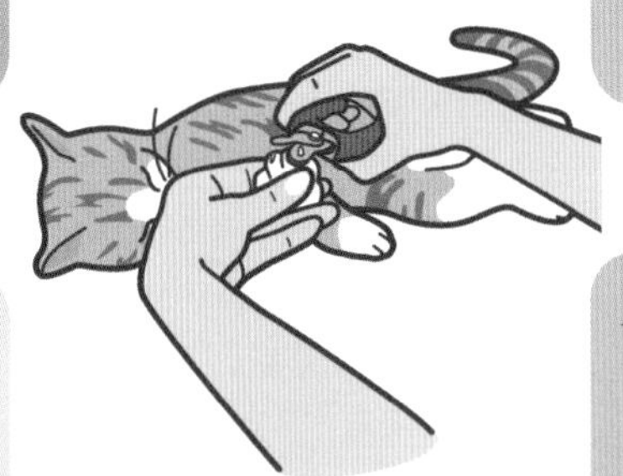

猫咪修剪指甲的步骤

其实，强迫的方式会使猫咪对于剪指甲这件事充满抗拒、害怕。这种强迫的行为不会因为反复的实施而让猫咪习惯之，反而会加深猫咪对于剪指甲的反感，以及让剪指甲这件事情成为它日常的压力来源。

站在猫的立场选择适合的时机

如果猫咪正开心玩耍，或是环境有令它紧张的事情正在发生时，强行进行练习剪指甲容易失败。

对付贪吃猫的绝招——零食引诱

必要的时候，可以利用猫咪喜欢的肉泥或零食作奖励，降低猫咪的警戒心，让它配合剪指甲，但前提必须是猫咪愿意为了食物而接受主人触碰它的手脚（如果猫咪平常就不允许主人碰触手脚，不管如何引诱，都很难达成目的），那么“边吃边剪”是可行的方法！无论如何，在日常生活中，一定要先培养猫咪对你的接触信任感，才能事半功倍，也避免猫咪因为口味变化或是生病了不适合吃零食就不能剪指甲。

猫咪小常识

利用食物引诱猫咪，同时替它剪指甲

第一次洗猫就上手

许多饲主都觉得，猫很怕水，否则怎么会只要一碰到水就歇斯底里呢？

与其说猫咪怕水，倒不如说猫是害怕身陷水中难以掌控的不安全感。猫咪怕的不是水（有些猫咪还很喜欢主动玩水），而是怕一切不在它掌控之中。

初次洗澡经验将影响一生反应

猫咪是经验法则动物，第一次的经验，将深深影响猫咪此后对这一事的反应。

洗澡、冲水后涂抹沐浴乳……这些对人类来说稀松平常的事情，对于猫咪而言根本不需要！猫咪认为自己有能力把毛发梳理得很干净，而站在健康的角度来看，若没有特殊需求或状况，猫咪即使一辈子不洗澡，也不一定会影响健康（但特定品种除外）。

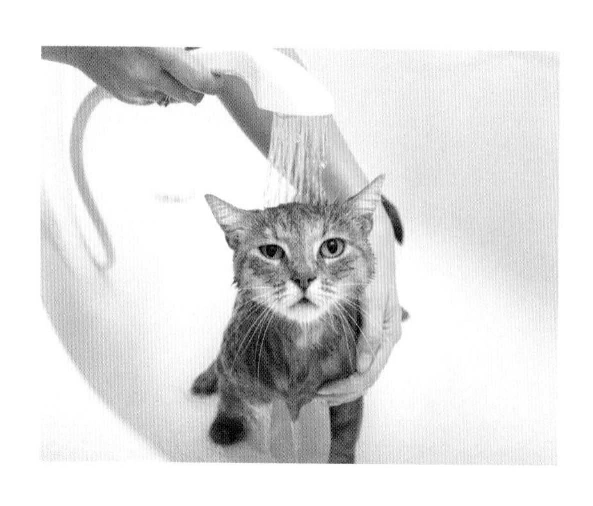

所以要引导猫接受洗澡，必须从两方面来考量：环境与肢体的接受度。

首先，猫对于浴室这

个环境是否熟悉？浴室对它有没有威胁？开了莲蓬头后的水声以及流动的水柱，这些都是猫在短时间必须接受的声音和影像，胆小的猫咪因为还来不及适应，会有想要逃跑的念头，而饲主为了阻止它逃跑，立刻是用手抓住，但这一抓反而让猫咪更加害怕！别忘了，“抓”在猫咪肢体语言中是“被狩猎”的意思。

判断猫咪洗澡的接受度

当过于害怕时，它就会形成恐惧。倘若猫咪没有办法成功逃脱，会本能出现扭动、挥拳，或是吼叫等反应，这是它在尝试用哪一种方式能够达到逃走的目的，如果刚好抓咬能令饲主松手，那么下一回它就会直接使用这个方式来逃走。几次下来，你就把猫咪训练成一只小恶魔了！

为幼猫进行第一次洗澡练习

想要为猫咪建立美好的洗澡体验必须在幼猫时期尽早进行。利用幼猫对什么都好奇、认为什么都好玩的特性，让猫早点形成“洗澡是有趣的”的印象。

准备物品

浅的婴儿洗澡盆、乒乓球数个、矿泉水瓶瓶盖数个、切丁的干零食、马克杯或大小相当的舀水勺子、宠物专用吸水毛巾。

洗澡步骤

第1~3天

每天让猫咪探索浴室，并且在将来洗澡的位置和时段，给予幼猫所爱的零食。

以食物诱哄小猫走进浴室，观察、探索环境

第4~7天

每天将澡盆注入温水，水深1~2厘米，并将乒乓球或矿泉水瓶瓶盖放入澡盆内使之漂浮，再将少量切丁的零食放入矿泉水瓶瓶盖内。

此时的幼猫应该已经迫不及待地想用手去拨弄，可以让猫咪尽情玩耍、碰触温水，游戏时间10~20分钟。

让小猫玩泡在水中的瓶盖和小球，习惯碰触水

第8~9天

水深每日增加1~2厘米，当幼猫玩得不亦乐乎时，可用手或小杯舀水倒入盆中，让幼猫习惯淋水声。

注意：必须保持适当水温，约40℃。

第10天

在猫咪专心游戏的时候，用手或杯子将水渐渐往猫咪身上浇淋，但必须从脚部开始，不可操之过急。

若猫咪没有不适应的反应，再将水朝其后大腿、屁股、腰部浇淋，最后再轮到头部。过程中请密切观察猫咪反应，若猫咪想离开，表示进度太快，必须退回猫咪没有反应的步骤重新来过。

舀水浇淋猫咪，先从腿部开始，令猫咪逐渐适应

第11天

1. 猫咪全身淋湿后，可开始涂抹洗毛精，搓揉后一样使用杯子舀温水洗净泡沫。沐浴过程必须让猫咪保持站姿，尽量速战速决，不要超过平常练习的时间。

2. 冲洗完毕后用宠物吸水毛巾将猫咪身上的水分尽可能吸干。擦干的时候，请让猫咪保持站姿。如果幼猫喜欢被抱，可以将猫咪抱起来操作。

3. 安排猫咪在晒得到太阳的地方自行理毛。

对于讨厌洗澡的成猫，也可以用上述方法练习，但练习时间、步骤要比幼猫还要再延长2~3倍，因为成猫对于以往洗澡的经验不佳，需要更多时间来重新接受一件经验不良的事情。另外，成猫因为性格定型，不如幼猫能够无所畏惧地去尝试新事物。

进程时间	练习内容	注意事项
第1~3天	以食物诱哄幼猫进入浴室	循序渐进，避免惊吓
第4~7天	以玩具引诱猫咪探索，并逐渐亲近水	水温约40℃，每次10~20分钟，不强迫
第8~9天	先让猫咪习惯流水声	猫有厌恶反应立刻停止行动
第10天	渐渐以水浇湿猫咪	淋水位置由腿、脚、屁股开始
第11天	正式洗澡	速战速决，全程让猫咪保持站姿

猫咪对洗澡的反应

在处理成猫的时候，必须先分辨猫咪到底是讨厌还是害怕洗澡。这两者不但有差异，也有不一样的处理方式，饲主必须通过观察猫咪的反应，了解它的状态。

讨厌的反应：想离开或是躲开、呈现蹲姿、身体缩成一团。

害怕的反应：哈气、挥拳攻击、低吼或是大声喵叫。

如果家中的猫咪对洗澡这件事情感到害怕，建议可以使用干洗泡泡慕斯来做清洁，并确实做足接触信任的练习后再进行洗澡训练。

隔离猫咪的环境安排与准备

经常听到有饲主说：“猫咪需要一个安心居住的地方，所以一定要在家里准备一个笼子。”或者认为，“主人不在家的时候关笼”，“睡觉关笼”，“不乖的时候就关进笼子里反省”，甚至宣扬关笼饲养的好处。

猫咪确实需要一个能够安心居住的环境，但不等于应该被关笼饲养，而我们将它安置于笼内，并不表示猫咪会因为住在笼子里而感到安心。我们首先要判断笼子在猫心中的意义，到底是牢笼，还是专属的小天堂？

关笼饲养是恶性循环

很多饲主因为误信这些说法而将猫咪过度关笼。过度关笼的结果反而是衍生出许多问题，譬如猫咪出笼后没自信，感觉紧张、害怕；或是难得出笼所以反应激烈，导致主人认为猫咪行为失控，又将它关回去以示处罚……

不管是怎样的结果，对猫咪来说都是严重的伤害。

首先从笼子的大小来看，无论是单层或双层甚至是三层的猫笼，对猫咪来说，活动范围都不够大。猫咪每天需要进行数次巡逻及探索的活动，这是天性，关笼饲养绝对不可能满足猫咪这两方面的需求。而当猫咪无法执行每天必须要做的事时，就容易产生焦虑、害怕。

即使是共同生活的饲主，也不易观察到猫咪初期的焦虑，直到后期当猫咪发展出明显的攻击行为时才很惊讶："我家的猫咪怎么突然攻击人？"

给予猫咪安心居住的环境，不是一个限制空间的笼子，而是一处没有威胁感存在的室内空间。提供猫咪躲藏的区域、攀爬的高处，以及建立良好的互动，都是能让猫咪感到安心的关键方法。

如果因为确实不得已而必须暂时限制猫咪的活动范围，可以将关笼饲养的观念稍作改变，用相同的概念帮猫咪打造一个独居的快乐的小天地。

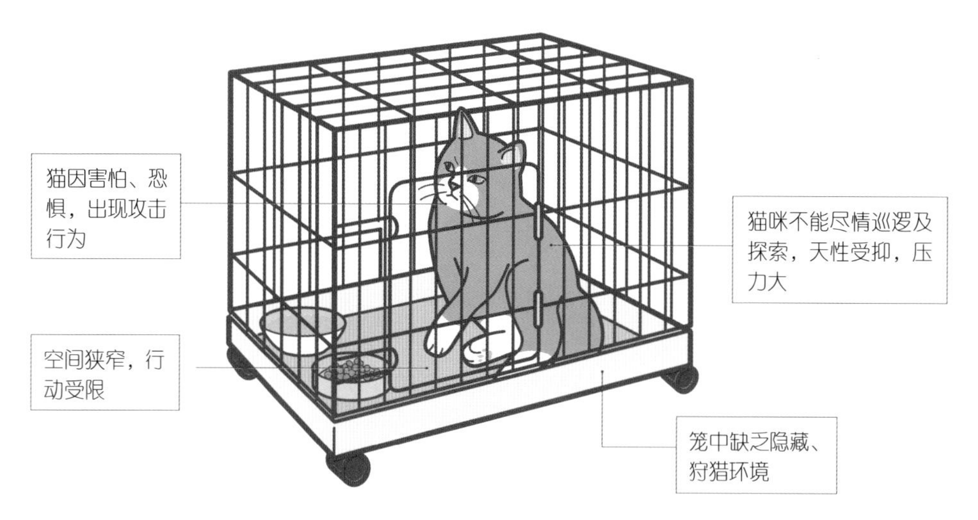

关笼饲养容易导致情绪焦虑

如何打造猫咪天地

1. 比起笼子，更好的是在家中安排一间隔离猫咪用的房间。

2. 将留有猫咪气味的专属睡窝、食物、水盆、便盆等日常用品放置在笼子内或房间里。

3. 逐步增加时间，让猫咪练习在房间内生活。

4. 7~10天内，每天数次，每日固定时段，以食物引诱猫咪至隔离区，让猫咪在房里或在笼中享用饭食。

5. 只要一关门，立刻给予猫咪饭食，吃完饭后立即将门打开。

6. 逐渐延长开门时间，例如前三次练习猫一吃完饭就立刻开门，接下来每一次延后3~5秒开门，之后再逐渐增加。

7. 平时将零食藏在小房间任一你希望猫咪去的地方，让它自行探索发觉。

8. 注意！若选择使用笼子，平时绝对不能用手将猫咪从笼中强行抱出，避免破坏猫咪对于笼子的信任度。

9. 除了食物，该空间内还必须设有猫咪喜欢的休息区、对外窗，让猫咪自然而然地喜欢停留在这里休息或玩耍。当猫咪自主待在房间的时候，可以利用机会将门短时间内关上，让猫咪习惯关门，并且认定门很快会打开。

10. 经常在房间内做任何猫咪喜欢的活动，譬如喂食、逗猫游戏等。

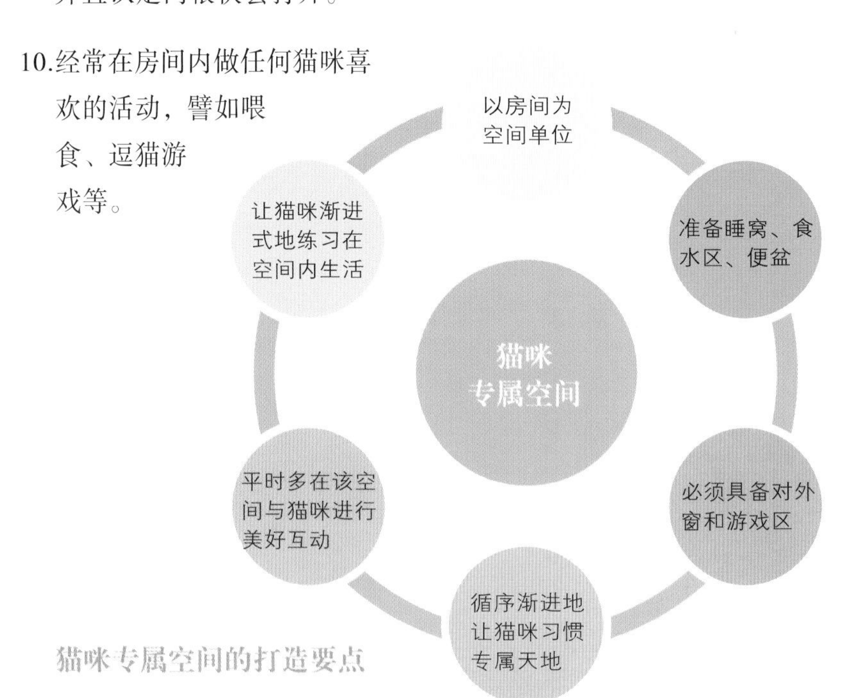

猫咪专属空间的打造要点

化解常见的猫咪冲突

有趣的是，养狗的饲主普遍只养一只狗，但养猫的饲主则会倾向于同时饲养两只猫甚至更多猫。对爱猫的人来说，被多只猫咪环绕是无上幸福，但多猫家庭发生的冲突，也比只养一只猫来得更激烈。

猫咪之间冲突的原因，主要是因为猫咪无法共享资源，它们冲突的表现是哈气或打架，企图用争夺的方式捍卫领土和保护自己。

如果仔细观察就会发现，猫咪之间的冲突总是一对一发生，不会有同时三只或以上的猫咪打群架。不管怎样，猫咪打起架来是很激烈的，带伤见血都很常见。

隔绝视线，终止战斗

猫咪发生冲突的时候，绝对不要大声斥责或是用手将猫咪抱起，避免让猫咪之间的关系更加紧绷。如果是没有受伤的日常小打小闹，可以记录打架的原因、时间或录影打架经过，交由专业人士协助找出冲突点，化解打架的问题。

但当情况恶化，演变成猫咪大战时，可以准备一片比猫咪体形还要大的纸板，用纸板挡住两只猫咪的视线。一旦挡住彼此视线以后，“被害者”往往会自行逃离现场，这时再将两只猫分别做暂时性的隔离。

两只猫打架的时候，主人可用比猫大的纸板从中介入，挡住两只猫的视线

哪些状况容易造成猫咪冲突

新猫咪成员加入

新猫的加入最容易引发猫咪间冲突，因为猫咪对于不熟悉的新成员会感到威胁。

但旧猫咪有可能与新加入的猫咪发生冲突，也有可能与原本熟识的旧猫发生内讧，因为对猫咪来说，它们并没有先来后到的区别。

活动空间不足

若猫咪认为自己的领土遭到入侵，就会为了捍卫领土内的资源而发生冲突。

食物不足

猫咪无法接纳新成员，最直接的原因就是食物被瓜分。当猫咪认为食物有限的时候，更容易与同伴互相竞争。

猫咪没有被群体接纳

新、旧猫咪在第一次接触时的互动经验好坏，与生活在一起时是否有生活习惯上的冲突，都会影响新猫咪是否能够被接纳。

生活变动

最常见的情况是主人出差，猫咪的生活作息改变，而代为照顾的家人或友人的照顾方式与原方式略有不同，造成原本相安无事的猫咪们无法适应，发生冲突。

生活单调、无聊

当猫咪的生活范围太过狭隘或是环境不够丰富，巡逻和打猎的天性欲望没有被满足，强势的猫咪就会以攻击弱势的猫咪为乐，恶性循环，导致弱势猫咪永远扮演猎物的角色。

猫咪日常压力累积

如果猫咪在生活中遭遇过多的挫折或累积过多的压力，并且没有得到适当的发泄，可能会转向对同伴进行攻击。

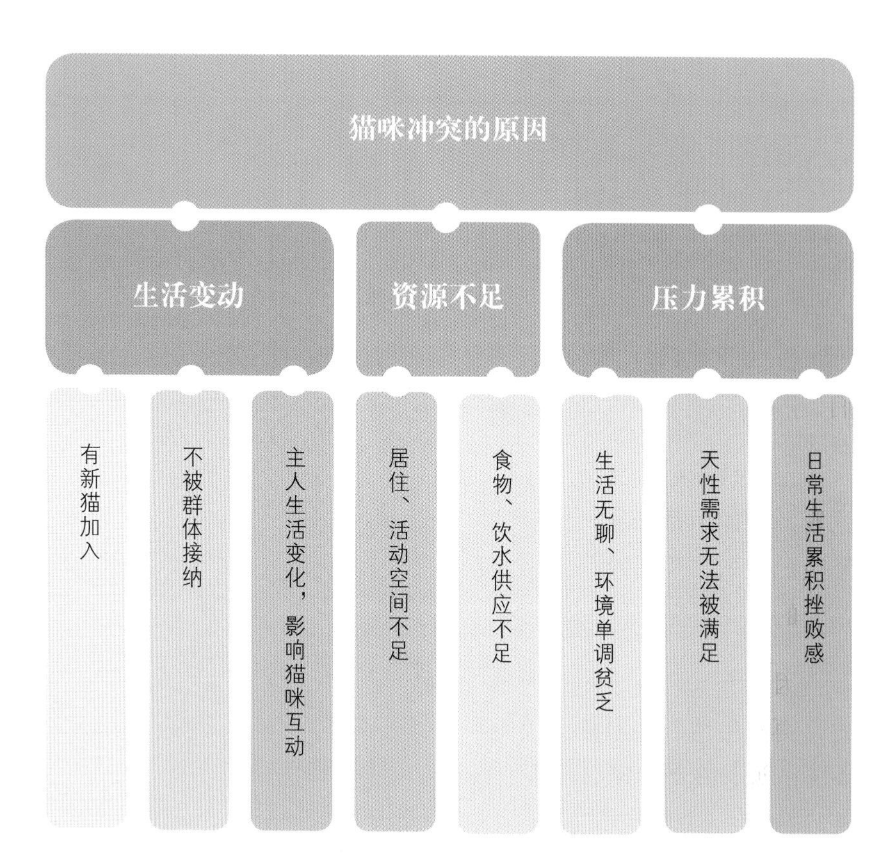

造成猫咪冲突的原因

猫咪的纷争很难随着时间而自然平息，如果饲主置之不理，将会对猫咪产生压力与伤害。许多饲主在猫咪争斗时经常急着介入，企图用讲理或处罚的方式遏止纷争，但因为猫无法理解人类的行为，反而容易造成更糟的结果。这一点饲主们必须特别注意。

喵星人与汪星人的同居法则

很多饲主误以为，家里养多种宠物或多只宠物，能够帮助它们“排解寂寞”或“增加新朋友”，但这是不正确的想法。

无论是猫咪或狗狗，都不会因为有了新同伴的加入而能够排遣无聊、增加生活乐趣。事实上，对原本居住在家中的猫狗来说，新成员的加入，反而导致既有资源重新分配的危机，伴随而来的是生活上的转变与主人态度的变化。

因此，预防胜于治疗，建立良好的第一印象胜过猫狗发生冲突之后再重新修补关系。对于正在考虑将猫咪与狗狗结合为一家人的饲主来说，在增加家庭新成员之前，最好做足准备。

已经养狗，准备养猫者：幼猫容易融入家庭

首先，请确认家中的狗狗过去是否有咬伤猫咪的纪录。尤其是体形比猫咪大的狗，更容易有这种情况发生。如果狗狗原本有伤害过猫的“前科”，请务必寻找训练师协助评估，进行训练。

根据每一只狗狗的学习经验不同，它们对猫咪有不一样的认知，有些狗对猫咪只是好奇，但因为互动方式不良，导致猫咪恐惧害怕；而有些狗狗可能因为过去有狩猎猫咪而得到奖励，判定猫咪是可以猎捕的。

你的狗狗在遇见你之前，可能已经有其他的学习经验，因此不可大意。这方面的讯息，可以借由平常狗狗散步时看见猫咪的反应

来判断。

如果家中饲养的狗狗对于猫咪的接受度很高、反应稳定，建议挑选幼猫作为家庭新成员，因为幼猫的好奇心和学习能力都很强，可以很快找到与狗作伴的相处之道。若新成员是成猫，它可能因为过去从未近距离接触过狗，或是接触狗的经验不佳，而压力较大。

当然，如果新加入的成员是一只与狗狗社会化经验良好的成猫，那么彼此冲突的可能性就大大降低了。

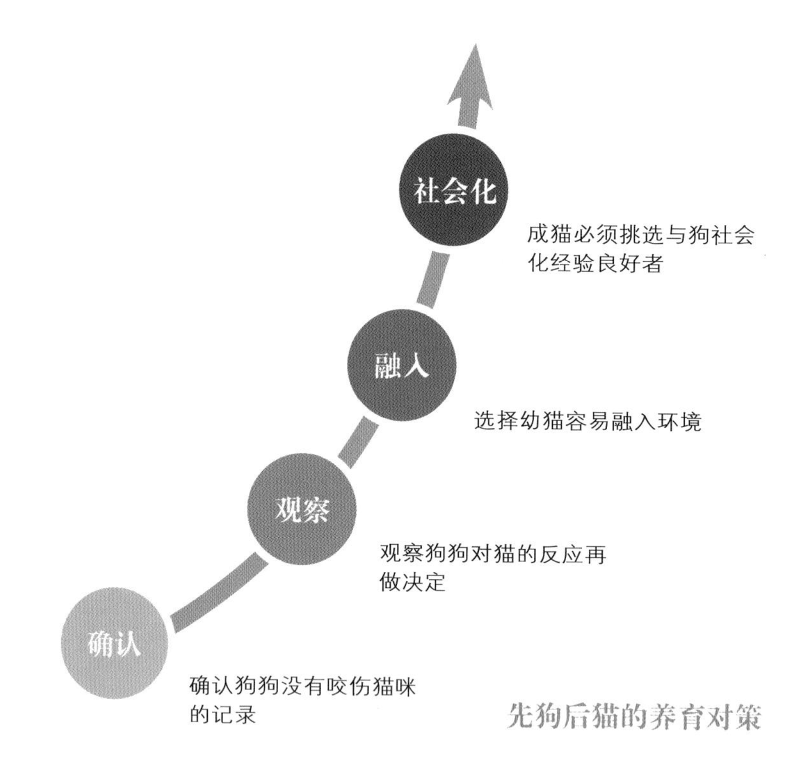

先狗后猫的养育对策

已经养猫，准备养狗者：保持互动距离，并确保各自动线

为了尽可能降低猫咪面临新加入成员时的压力，猫咪常使用的休息区、专属睡垫、最常去的地方、必须要去的地方、厕所、吃饭地

点都必须列入考虑，避免让狗的活动范围影响猫咪的生活。

在猫狗还不熟悉彼此的这一阶段，请让它们保持适当距离，避免惊吓。常见的情况是当猫咪还不确定狗狗的威胁性有多高时，热情的狗狗就已经扑向猫咪，这对猫来说是极可怕的事情，就像是被猎捕一样。初次相见，如果就发生了这样的冲突，不管最终有没有造成伤害，都已经给猫咪留下了“狗很危险”的印象。

一开始让猫狗见面的时候，应保持适当的安全距离，最好是让猫咪处在空间上方，在狗狗无法接近的高处自行观察，以降低猫咪的戒心。一旦猫咪降低了戒心，自然会缩短彼此之间的距离，也不太会发生哈气或是挥拳攻击的问题。

猫狗个性大不同，但要让它们同住一个屋檐下其实并不难，只需主人满足它们各自的需求，将资源和动线规划安排好，猫咪和狗狗一样可以成为感情融洽的一家人。

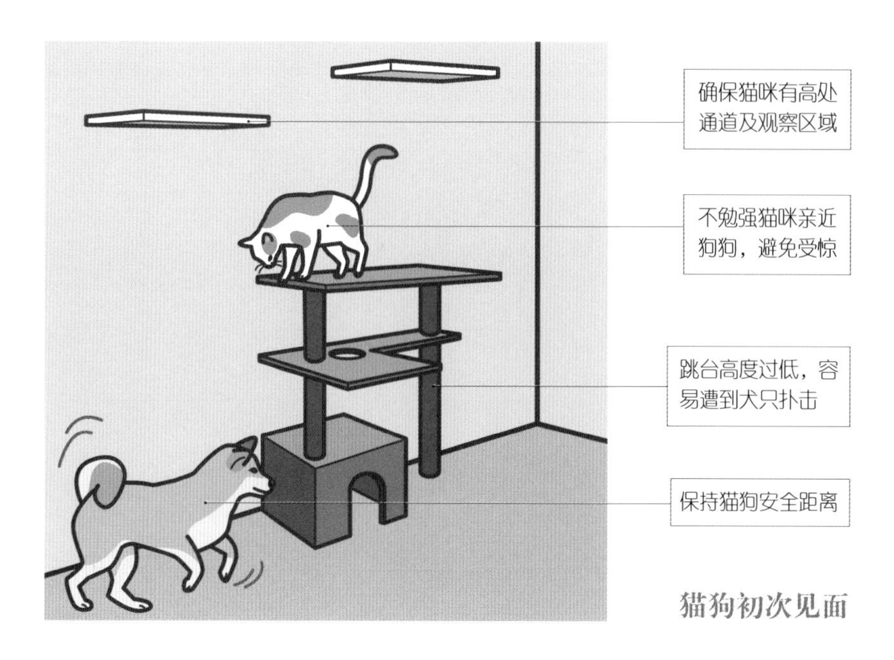

猫狗初次见面

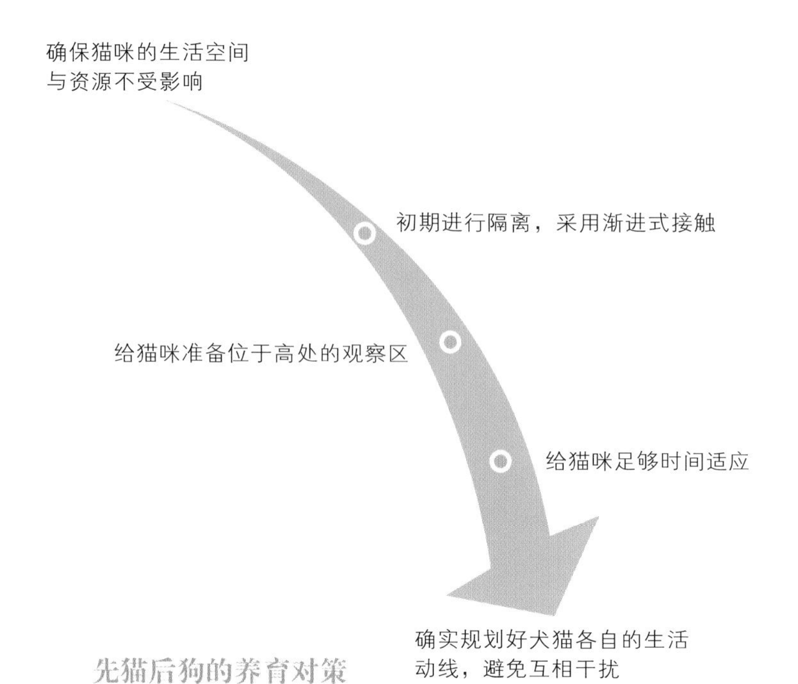

猫狗共处的常见问题

	引发者	问题	原因	处理方式
猫狗共处的常见问题	从狗而起	狗狗对猫咪吠叫	・狗狗借此获取主人关注 ・猫咪缺乏能够躲避冲突的活动空间	・不体罚 ・主人离场，降低狗狗借此得到主人注意的习惯 ・增加狗狗散步和活动时间，消耗多余体力 ・增加狗狗服从指令训练
		狗狗追逐猫咪		
		狗狗爱吃猫咪排泄物	・狗狗借此获取主人关注 ・猫排泄物蛋白质含量高	・降低狗狗借此得到主人注意的习惯 ・保证双方各有足够生活空间和区域
	从猫而起	猫咪对狗狗哈气	・猫咪缺乏独立生活的空间	・给猫独立生活的空间 ・为猫咪安排一条能够“完全避开狗狗”的行动路线
		猫咪攻击狗狗		

化解猫狗冲突，先从饲主离场开始

狗会做出某些行为以取得主人的关注。

因此，当其发现追逐猫咪或对猫吠叫能引来主人关注时，狗狗便会重复这一类行为，并最终形成习惯。

但解决之法很简单。在你希望狗狗养成的行为上做奖励，对狗狗的学习、认知来说非常重要。即在狗狗安定的时候给予称赞和奖励，例如坐着、趴着或任何没有将注意力放在猫咪身上的时机点。万一不小心发生狗追逐猫咪或是对猫咪吠叫的行为，主人必须忽视狗狗的行为，并且在第一时间立刻离开现场。

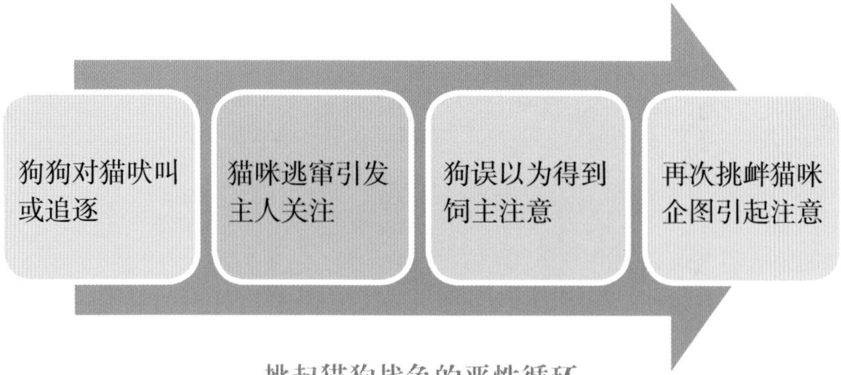

狗狗对猫吠叫或追逐
猫咪逃窜引发主人关注
狗误以为得到饲主注意
再次挑衅猫咪企图引起注意

挑起猫狗战争的恶性循环

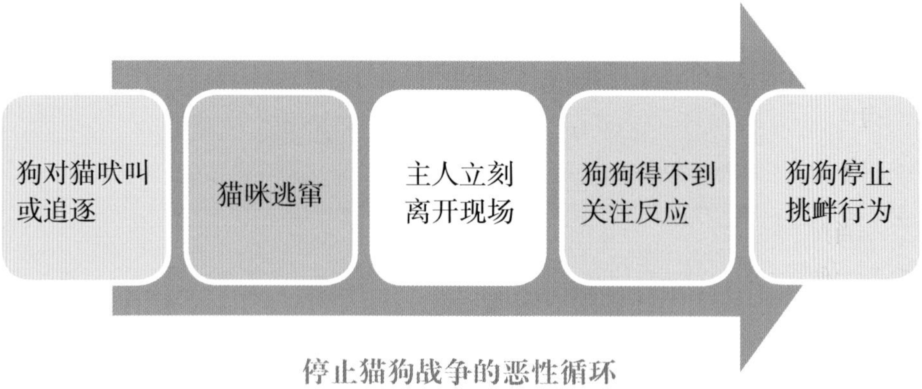

狗对猫吠叫或追逐
猫咪逃窜
主人立刻离开现场
狗狗得不到关注反应
狗狗停止挑衅行为

停止猫狗战争的恶性循环

因为主人离开纷争现场的行为，已经在告诉狗狗“别做这件事情”，同时狗也会观察饲主的反应，决定下次要不要继续这样的行为。切记不要强行制止或体罚狗狗，因为“制止”对狗来说，就是一种最大的关注；而体罚会导致三方的关系恶化，无法解决任何问题。

避免猫狗同处时的无聊窘境

有一种情况是因为狗狗活动力过度旺盛，没能适当地去消耗体力，因此当猫狗长时间处在同一个空间中，彼此无事可做，只好互相追逐。如果家中饲养的狗狗是工作犬、幼犬、运动犬或牧羊犬，请务必每日规律地带狗外出散步，让狗狗期待能与主人一起活动。活动时，给予狗狗大脑不同的刺激，可降低其追逐猫咪的欲望。

另外，平常可以教狗狗一些服从指令，例如找玩具、抽卫生纸等，用这些指令丰富狗狗的居家生活；或者指派工作让狗去完成，把狗狗的注意力吸引到主人身上，建立人狗之间良好的互动。

还有许多猫狗同居家庭的冲突来源，是因为狗总是喜欢吃猫大便！

这有两种原因，一是因为猫大便的动物性蛋白质含量高，味道非常吸引爱吃的狗狗；另一种可能是，每次当狗狗跑去吃或玩猫大便的时候，主人反应激动，例如放下手边的工作飞奔而来，试图阻止狗的不当行为，但这样的反应却令狗狗觉得自己备受重视，认为这是引起主人注意的最佳方式，于是反复这么做。

当然，也有可能两种状况同时存在，那么狗狗真的没有理由不吃猫大便了！

给予猫咪独立空间，减少冲突

对于猫咪，我们需要着重注意的是空间上的分配，而狗狗则是着重于训练。

替猫咪设定好独立、舒适、自在的生活空间是必要的，所谓的“独立”，并不是指关房间或者隔离。猫咪需要与共同居住的每一个成员都达成良好互动，需要有尽情探索居住范围的自由，但同时也更需要单独休息的环境，独享不被打扰的空间，能够好好单独吃饭，安心上厕所。这才是猫咪所需要的独立。

想要化解猫狗冲突，对猫来说并不需要特别训练，只需利用猫咪本身“避免冲突”的特质即可达成。

通常猫狗发生冲突的原因在于家庭环境中的动线不佳。例如，狗狗在地面上乱跑，而猫必须同样利用地面通道活动时，就很容易产生冲突。猫对狗狗有戒心，而狗对于经过的猫咪也有反应，可能会想要追逐或是驱赶，于是猫狗相见难免就会发生冲突，日积月累后冲突就会成为每日的“例行公事”了。

在这种情况下，只要替猫安排一条不需要经过狗狗身边的行动路线，例如利用墙壁的垂直空间建立猫的通道，分开猫狗活动路线，让猫咪在高处可以得到安全感，也能够避开所有可能与狗发生冲突的地点。当猫咪有其他更好的行动路线可以选择，猫会自我管理，避免冲突发生。

三分钟就可以做到的缓解冲突微调

1. 将猫咪吃饭的食物和水碗安排在狗狗接触不到的平面上，或是利用猫狗体形大小的差异，将猫咪的食物放在只有猫咪能够出入的猫窝中。
2. 将猫砂盆更换成开口朝上的“桶式猫砂盆”。狗狗不方便吃到猫大便，久而久之就会放弃这件事情。
3. 在猫狗必须共处的空间，如客厅或主要通道，加装层板、跳台，增加猫咪的行动路线。

即使无法明确区分猫内狗外的生活环境，猫狗共处也要注意空间、动线安排

猫咪社会化，让猫正向学习融入环境

你是否发现，不同猫的性格全然不同？大多数猫咪只想缩在外出包里，它们一旦发现即将要被带出门就先躲为快。但把有些猫咪带出门却很轻松，只要穿上遛猫衣，即使在人来人往的公园它们也能够自在行走。

为什么都是猫咪，面对同一件事情确有完全不同的反应？

为什么即便是同一个家庭饲养的猫咪，也可能会对相同的事情产生不一样的反应？

这是因为猫咪们的学习经验以及社会化程度有所不同，因此不同猫咪即便面对同样的事情，反应也大不相同。

什么是猫咪社会化

广义的社会化是指猫咪从出生开始，这一生所经历的所有事情，能让它所学习到的经验。

经验的好与坏，尤其是第一次遭遇的经验，将决定猫咪下一次面对这件事情的反应。例如，第一次与人接触时是否是处在一个安心的状况下自愿接近，而非被强迫性地抱起，将会影响这只猫咪日后对于接触人的反应和态度。

与不同的人接触对猫咪来说也会形成不同的经验。猫咪能够区分成年男性、成年女性、孩童、老人、携带工具的陌生人、送外卖的人员等行为上不同特质的角色，所以对于成年男性和女性接触经验良好的猫咪，不见得能够与孩童自在相处。

如果一只猫咪愿意亲近初次见面的陌生人，表示这只猫咪对于陌生人的社会化良好；如果一只猫咪外出时遇见小型犬或自行车在安全距离外没有反应，代表这只猫对于小型犬狗和自行车的社会化良好。

但别忘了，体形不一样、行为不一样的狗，对猫咪来说都是不一样的。同理，自行车、电动车、三轮车、汽车、公交车等对猫而言也是完全不同的。我们人类对于这些事物早就习以为常，所以常常忽略带猫咪出门时，猫在短时间突然面对这么多的事物，这么多不熟悉的气味和复杂的环境，给猫带来的害怕、恐惧的心情！

帮助猫咪良好的社会化

培养猫咪良好的社会化能力，是为了让它能够安心自在。

社会化不良的猫咪面对任何变化总是感到害怕，但是生活中难免有必须要去执行某件事情的时候，例如带猫咪出门看医生。这件事对人来说很平常、很简单；但对猫咪而言，它所经历的不只是看诊，还包括被关进外出笼、搭车等一系列事件。尽管在诊间的每一次体验可能都无法非常良好，但起码如果事前就积累好良好的社交、外出经验，猫咪对出门没有恐惧感，压力自然降低。

换句话说，对生活中大部分事情都社会化不良的猫咪，生活压力也会比较大。除非能够让猫咪完全不需要面对，例如一辈子不出门，或是永远不看医生，猫咪或许可以避开社会化不良带来的影响。但这样做并不实际，最好的方法还是协助猫咪形成良好的社会化。

一只具有抗压性的猫咪是快乐的，同时作为一只见多识广的猫咪，它在对于领土的保护、资源的分享上，有极大的宽容度。

不同年龄层的猫咪，进行不同的社会化适应

8～16周龄以前是幼猫学习的精华时期，这段时间猫咪所学到的经验较为根深蒂固。随着年纪的增加，学习的效果会递减。

在学习能力佳的时间点学习，猫咪的学习速度不但快速，也几乎没有压力，但过了特定的年纪再来练习，学习反而成为一种压力。若是到了高龄才开始练习外出遛猫，很可能造成反效果，使得猫咪压力增加。

什么年龄层的猫咪适合做怎样的练习，应该事先请训练师进行评估、建议。评估的内容应同时考量猫咪的身体状况和过去已学习的经验，并且以猫咪的需求为主。

对猫咪来说，社会化是一辈子的事。虽然我们未必能从幼猫8周起开始饲养，但从遇见猫咪的那一刻起，仍然可以尽可能地给予它一个安心的世界。

五个可以简单建立社会化的基础法则

每天短时间出门

这主要是针对幼猫进行的社会化训练。通过带猫外出，让它熟悉家门以外的世界。这一过程中，猫咪不一定要落地，可以将猫装在能够看见外面世界的外出包里，即使只是抱着它下楼到便利商店停留5～10分钟，都很有帮助。

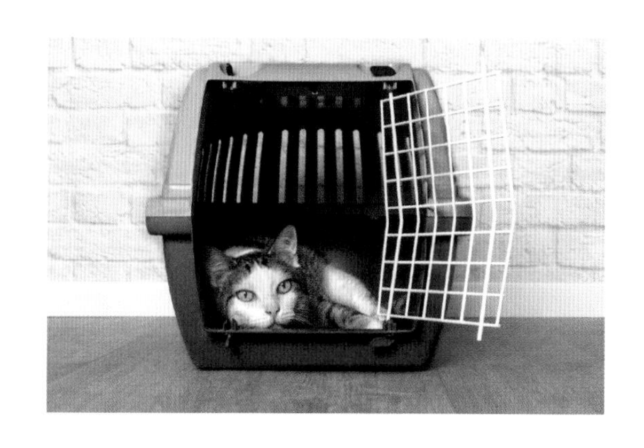

携带幼猫出门的注意事项

带幼猫出门，建议使用通风良好、内部材质合适的外出袋或外出包，以能够前背、侧背为主，以便幼猫随时观察主人状况。

硬式的外出笼通常是长途旅行或有特定需求时使用。因材质坚硬，建议考量幼猫状况，避免它因过度摇晃撞击而受伤。

到动物医院吃点心

制造一个“去医院就会发生好事”的情境，在猫咪真正生病之前，经常带它去医院，然后享受最爱吃的点心，过程不做任何诊疗，建立猫不畏惧医院的信心。

不勉强猫咪主动接触访客

要求家中陌生访客不主动接触猫咪，而是让猫自己选择是否要接近访客。这是为了让猫咪建立对陌生人的良好印象。当猫选择主动接近访客，代表它已经准备好了与人接触，可以避免与陌生人主动接触所造成不良经验的风险。

感受良好的触摸

猫咪许多的问题行为都和接触经验不良有关，例如不能碰触其手脚、害怕被抱起、不肯接受耳朵清洁等。要让猫咪了解每一次的接触都是安全无害的，必须从平常就建立好接触信任，必须在猫咪安定的状态下进行触摸。

“触摸”重质不重量，哪怕每一次只有几秒钟，只要猫咪没有任何不良反应，就算达到目的。

让每一只猫咪独立吃饭

一起吃饭或是吃饭距离太近，容易造成猫咪有食物被抢夺的坏记忆，未来有可能衍生成护食或是其他竞争的可能性，这种经验尤其是在幼猫时期最容易产生。因此，除了将食物准备充足，也要避免让猫咪之间形成竞争。

至于对已经相处融洽的猫咪群体来说，一起吃饭时彼此不会争抢，就没有问题。

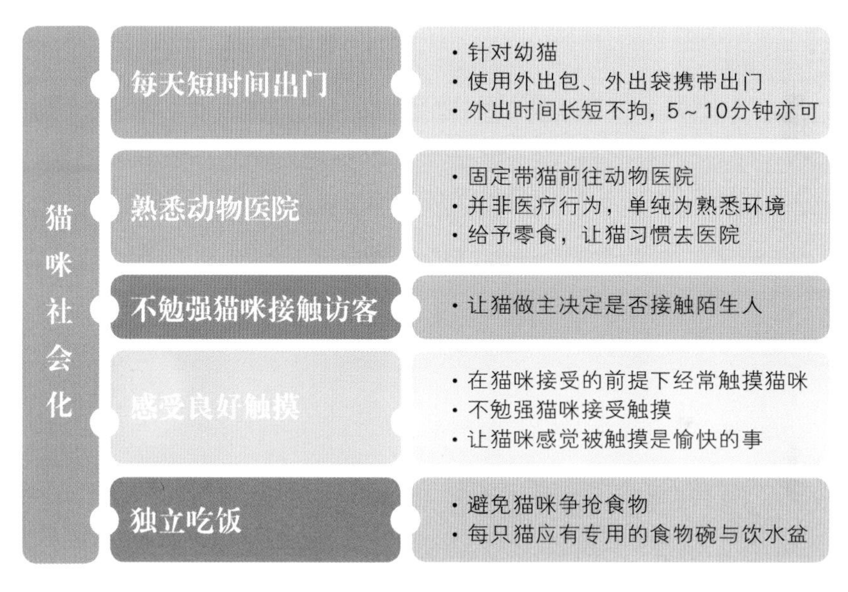

猫咪社会化的基础法则

对于猫咪来说，第一次的经验是非常重要的，饲养幼猫的主人们可要好好注意，因为对于幼猫而言，几乎每一件事情都是它的第一次！

猫咪其实是对的！常见的饲主错误认知

上一章我们谈到猫的天性行为。但另外有一些猫咪与生俱来的天性，经常被饲主误认为是行为问题。例如猫咪的攻击游戏、不爱喝水、对陌生猫咪充满敌意或磨爪破坏等，乍看起来是猫咪有问题，令饲主感觉棘手，但其实都是猫咪的正常表现。

通常当饲主觉得这只猫咪有行为问题时，真正有问题的并非猫咪，而是人。就猫咪本身来看，自己的行为是很正常的，但因为人类不喜欢猫的这些反应，所以把猫的正常行为归于行为问题。

猫咪本身不正常的行为问题很少见，而异食癖、心因性的过度理毛等，主要是因为猫咪的基因或生理上出问题所导致，必须要靠药物搭配行为治疗来解决。

接下来我们来谈谈这些因饲主们的误会而产生的猫咪问题！

猫不肯在便盆上厕所

很多猫咪饲主的最大苦恼都与猫咪不在指定地点排泄有关。人们只要看到猫咪不在便盆中上厕所就会焦虑，怀疑猫咪有问题。有些人会觉得猫在猫砂盆之外上厕所，是因为“心情不好”“报复饲主”或“恶作剧”，但其实问题可能是出于以下几种原因：

1. 生理因素：猫咪尚未结扎，出现发情喷尿的状况，或可能是因为关节疼痛不方便进入便盆……

2. 不满意猫砂盆：猫咪会因为对猫砂盆的清洁度、猫砂的厚度、猫砂盆的大小或数量等不满，而不愿意在猫砂盆中上厕所。你可以通过以下的猫砂盆满意度检查表，确认家中猫砂盆的状况是否符合猫咪的需求。

3. 压力反应：生活中的变动容易使猫咪改变自身行为。例如，主人出差，请家人朋友代为照顾；或家中有新成员、新生儿报到等，都会影响猫咪的行为。

4. 宠物之间的相处冲突：宠物之间相处不融洽，也会导致猫咪不敢使用猫砂盆或降低使用猫砂盆的意愿。

5. 分离焦虑：极少数的猫咪不在便盆上厕所的原因和分离焦虑有关，需要同时评估猫咪与主人之间的关系和相处模式，以及是否有除了不在便盆上厕所以外的其他问题。

猫砂盆满意度检查表

检查项目	检查标准	得分
猫砂盆清洁度(30分)	猫砂盆是否干净、没有臭味？是否经常清洁？	
猫砂厚度(10分)	盆中猫砂的厚度是否符合该种猫砂建议的厚度，以发挥吸水吸臭的效果？	
猫砂盆位置(30分)	猫砂盆是否摆放在猫咪觉得安心、安静、安全的位置？	
猫砂盆大小(10分)	猫砂盆的空间，是否容许猫咪可以转身拨砂，进出的时候不需要压低身体？	
猫砂盆形式(10分)	按照猫咪喜好，选择敞开式或是有盖式猫砂盆	
猫砂盆数量(10分)	理想的猫砂盆数量 = 猫咪数量 + 1 （有些猫咪习惯“干湿分离”，即便、尿分开在两个不同的地点，因此为1只猫准备两个猫砂盆是基本配备）	

另外，虽然同样是排尿问题，但“不在猫砂盆里尿尿”与“喷尿”的意义却大不相同！

猫不肯在猫砂盆里排尿，反映了猫咪对于饲主准备的猫砂盆不满意。

猫咪排尿与喷尿的差异

	正常排尿	喷尿
排尿次数	3～6次	超过以往上厕所次数
排尿量	尿量多	尿量少
排尿地点	地点固定	地点固定多处或新增
排尿后反应	上厕所后掩盖	上厕所后不掩盖
排尿状况	以平面为主	平面和垂直面都可能
发生年龄	各年龄层都会发生	幼猫几乎不会发生

使用猫砂需要训练吗

猫咪在猫砂及猫砂盆里上厕所，除了是天性，也是与人类生活后养成的习惯，在野外的猫咪会选择在树叶堆或杂乱的土堆上厕所。

猫咪小常识

喷尿行为则表示猫咪有心理层面的焦虑和压力，需要通过层层分析找到根本原因。

猫咪不爱喝水

很多饲主都知道要让猫咪多多喝水，但执行起来却很困难，因为猫本身并不喜欢喝水。为什么让猫咪喝水会这么难呢？喝水难道不是一种进食的本能吗？

对猫咪来说，喝水确实是一种进食本能，但它们喝水的方式和人不一样。猫咪是肉食性动物，生活在自然界的猫咪，直接通过狩猎进食，进食时同时获得肉、内脏和血水。但人类为了饲养的方便，通常都喂猫咪吃干饲料。

干饲料缺乏水分，所以猫咪无法通过干饲料取得水分，必须另外摄取。再加上猫咪天生的口渴机制并不是非常完善，导致猫咪不习惯单独摄取水分以补充不足，所以显得它们很不爱喝水。

除此之外，决定猫咪是否喝水有几个条件：

挑选水质

水是否煮沸？这是鱼缸里的水、马桶里的水，还是逆渗透的水？猫咪会依照自己的喜好作出喝水的选择。除了矿泉水因为富含矿物质，绝对不能给猫咪饮用以外，其他就看猫咪的选择。

饮水处摆放的位置

猫咪喝水的位置可以设置在猫休息区和时常经过的地点。猫不会因为口渴而找水喝，但会因为看到水碗、水盆而感觉到要喝水。如果发现一周后都没看见猫咪在该地点饮水，可尝试其他新的位置。

水的替换率

有些猫爱喝流动的水，这从某些猫咪饮用水龙头中流下的水或喜欢喝马桶内的水看得出来。有些饲主认为这仅仅是因为猫喜欢流动的水，但其实并不完全如此，猫更喜欢“经常更换的净水”。所

以如果你使用流动式饮水器，除了注意清洁之外，还需要每日更换新鲜的水，让猫咪喜欢你为它准备的专属饮水胜过马桶水。

如果尝试以上方法后，猫咪仍然不愿意多喝水，别忘了回归到能够符合猫咪天性的饮食方式——将粮食改用湿粮，或者将干粮泡软、在罐头中掺水等方式让猫咪增加水分摄取即可！

别用错误方式强迫猫咪喝水

有些饲主因为担心猫咪不喝水，而采取较为强硬的方式，譬如说抓住猫咪后用针筒强行灌水，或者趁着猫咪睡觉时偷偷从嘴角灌水……这些方式即使刚开始可让猫喝水，但同时猫咪也对饲主心生反感，并且更讨厌喝水，长此以往容易造成反效果。

猫咪小常识

猫咪控制不住自己，玩着玩着就攻击我

经常有饲主会碰到猫咪咬人或抓人的问题，如果猫咪出手狠一点，饲主甚至可能挂彩。饲主在疼痛或受伤后通常会大感愤怒，觉得猫咪这么做是因为“它们不知道咬人会痛”，“讲都不听，必须让它们知道咬人之后会有什么后果”，“胆子这么大！它们不知道什么是害怕”，于是会采用“以牙还牙”或“以暴制暴”的手段反击。

但这种猫咪咬人或抓人的问题，也有可能是它们的天性导致！

前面提到，猫有社交游戏活动的天性，而狩猎正是游戏的一种，只是这种游戏方式很容易引起猫咪发动攻击。

通常猫咪为了互动，会企图通过抓咬的方式来引起饲主的注意、邀请饲主，而且当猫咪每一次抓咬后，都会发现饲主自然地给予回应，不管是发出声、给予关注、眼神注视，或是动作上的反应，都让猫咪判定“这么做可以得到主人的注意”，久而久之就形成了它和人类之间的相处模式。

出现这种状况的饲主，通常是第一次养猫，而且家里只有一只猫咪。如果家中有多只猫咪存在，猫咪会优先与同伴做狩猎游戏，但因为家中没有同伴也没有其他小猎物，饲主就成了猫咪最好的玩伴。

猫在幼年期，经常和同伴们互相练习狩猎游戏，借此学习社交技巧、控制力道，但人不能以猫咪是否抓伤或咬伤自己为标准，判断猫是在游戏狩猎或是蓄意攻击，也不能借由自己是否受伤，判断猫有没有控制力道。

抓伤和咬伤人类并不是猫咪的本意，通常是饲主与猫的互动过程中，因为回应方式错误，让猫咪误以为“我需要加强力道，才能得到主人注意”。但无论如何，人都不能够扮演幼猫的同伴或长辈，企图教会猫咪控制力道。

作为饲主，到底该如何处理猫咪的游戏攻击行为？首先必须知道，猫咪不会对非猎物的东西伸出爪和牙，所以我们必须要让猫咪去学习判定人的手和脚不是猎物，就不会有抓咬的情况发生。

猫咪的学习不需要特别训练，饲主只要执行一套固定原则，即手是用来抚摸，玩具才是猎物。不用手引逗猫咪狩猎，也不用手回应猫咪游戏，同时用专属玩具给予满足，引导猫咪去狩猎玩具。猫咪一旦发现这套规则，就会改变狩猎主人的行为。

另外，在遭遇猫咪扑咬时，请立刻终止与猫咪互动游戏，离开现场。猫咪会通过你的反应，发现它这样做无法得到主人回应，以后这种行为就会渐渐消失。

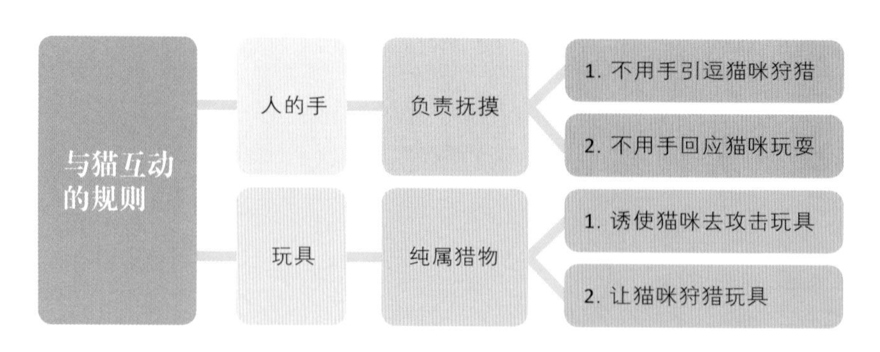

避免猫咪游戏攻击的互动规则

幼猫整天狩猎怎么办

幼猫的活动力非常旺盛，不是人可以满足的，因此经常发生因为玩不过瘾，而扑咬饲主手脚的状况。建议养幼猫的饲主，可以一次饲养两只已经相处融洽的幼猫，让它们互相满足彼此的活动力，减少对人类的游戏攻击。

猫咪小常识

猫咪不友善，总是乱哈气

很多饲主常见的错误是以为猫咪与猫咪是同类，能够好好相处，于是无预警地带回一只新猫，想让它们“认识新朋友”，但结果通常是两只猫彼此哈气、张牙舞爪，完全无法好好相处。

猫咪是认环境及气味的动物，它们自然的社交方式是在各处留下气味。在自然的环境中，一只猫与住在它附近的猫虽然没有打过照面，但彼此都熟悉对方的气味，即使互相见面，也会保持一段“安全距离”。所以，当人为介入，使得一只猫咪进到另一只猫咪的领土范围内，哈气警告对方是理所当然的反应。

猫咪虽然需要与猫社交，但绝不可以直接把它们丢在同一个空间里，这样只会让两只猫咪互相拉起警报。

猫咪是沙发破坏狂

猫咪的天性中有磨爪、留下气味的本能，而且这是每天都必须做的事，所以猫咪如果扒抓沙发、破坏家具，并不是因为它们无聊或捣蛋的缘故，而是某些家具的材质还有所在的位置非常适合让猫咪标记气味、留下视觉上的痕迹。

剪指甲、戴指甲套都不能解决猫破坏家具的问题，要想让猫不去破坏家具，必须先满足猫咪磨爪的天性。

在猫咪尚未选上破坏目标之前，先给予它能够磨爪也喜欢磨爪的东西，例如猫抓板，让猫咪习惯之后，再将猫抓板移动到家具附近，并尽量多摆放几个，位置遍及平面和垂直面。猫只要看到猫抓板，就会想起磨爪的感觉，自然放弃破坏家具。

宠物店的店猫为什么比较友善

有饲主反应，一些宠物店或动物医院里饲养的店猫，对于来来去去的陌生猫咪态度相当友善，完全不会有哈气反应，不知道是怎么训练的。

其实，这些猫的反应，并不是训练的结果，而是因为店猫通过长期观察知道那些猫咪客人只会短暂停留，并不会真正去占用自己的睡窝、食物和便盆。它的领地很安全，自然也不会过于防备。

猫咪小常识

第五章

猫奴们的大烦恼——

常见猫咪行为问题案例

解决猫咪
“游戏攻击”的问题

主人这么说

跑跑是一只七个月大的米克斯公猫，已结扎。

它的习惯很不好，经常会突然猛扑向人的脚，有时候还连续好几下抓咬，并且力道很大，不但抓伤我们，甚至让我们流血。虽然我用手把它抱起或是推开，企图让它停止这种攻击行为，但它还是扑过来咬人，或把攻击目标从腿移到手上，即使大声跟它说“不可以”也没有用。

跑跑的攻击，几乎成为每天都要上演的戏码，不管我们起身走动或是坐着不动都会发生！

猫咪这么说

我好无聊，想玩狩猎游戏，而这个家里唯一会动的目标就是主人的手和脚。

以前小的时候，我扑主人玩耍，主人都会很快回应我，所以我就越玩越开心！

有一次我发现，如果用牙齿大力咬人，主人反应会变得非常激烈，他们会扮演猎物逃走，还会挥舞着双手或用叫声来回应我……这真是太好玩啦！

行为专家告诉你

游戏行为衍生的攻击，可说是多数饲主最烦恼的问题，荣登问题排行榜第一名宝座。

这不表示猫咪不友善，真的要攻击人，而是因为猫咪不懂得怎么与人互动，所以很自然地用抓咬的方式表达。这类问题尤其容易发生在米克斯幼猫身上，很多饲主都抱着"等以后猫咪长大了，状况会缓解"的心态处理问题，但其实这种行为并不会随着猫咪年纪增长而消失。如果饲主不能及时修正，问题会越演越烈。

在这个案例中，跑跑之所以攻击人，是因为在家庭中它没有同年纪的猫玩伴可以互相满足狩猎欲望，故屋里饲主或家人们移动的手脚就成为它的玩具。而且在其幼猫时期，它一直都是这样与人互动，自然养成了习惯，长大后发现咬人力道增强，还能引来更多注意，哪怕是闪避、追逐也好，主人的惊叫声或是企图用枕头阻挡的反应也好，都正向加强了它游戏狩猎的乐趣，它自然乐此不疲了。

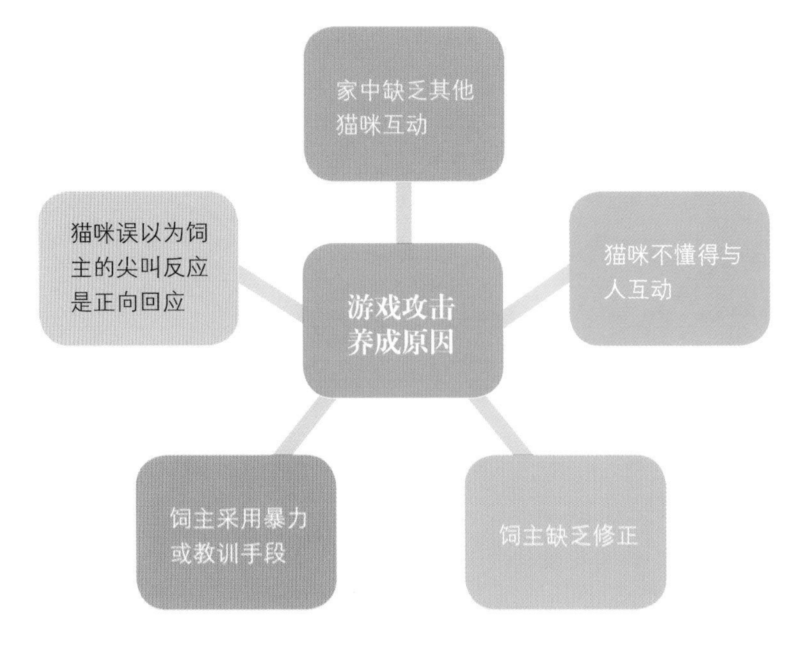

游戏攻击养成的原因

按部就班，解决行为问题

1. 请饲主每天固定时间与跑跑玩耍游戏。玩耍时，尽量使用长距离的逗猫棒，以免攻击目标容易落在饲主的手脚上。

2. 多玩丢纸球的游戏，让跑跑可以长距离奔跑，把纸球叼回，满足狩猎欲望以及大量消耗体力。

3. 新增窗边跳台，让跑跑平日在家无聊的时候，能有一台“猫咪电视”可以观赏。

4. 发生抓咬的当下，不是用手推开跑跑或是抓开它，而是以纸板立刻挡住跑跑的视线，让它丧失攻击目标。

解决猫咪
“敌意攻击”的问题

主人这么说

我家的猫白白非常喜欢攻击家人，尤其针对手和脚啃咬。有一次它非常大力地咬我的脚踝，我实在太生气了，顺手拿起拖鞋打了它。以前我们确实因为不知道怎么教白白不要这样做，所以有几次用体罚的方式教训它，但自从知道不能体罚猫咪后，已经连续几个月都没有再处罚它了，但问题并没有好转。

现在白白仍然经常失控，有时候抚摸它，它会生气地大声喵叫并且反过来攻击我们，平常也会突然就冲过来攻击家人的双脚。我们还发现，它的攻击根本没有理由，即使是没有和它相处过的其他

人来到我家，白白也会非常激动地冲过去，大声喵叫，作势要攻击别人！

为了安全起见，我们现在只好将白白限制在房间内，以免波及其他家人。

白白这么说

以前我想玩或是要吃东西的时候，就会咬主人的手，吸引主人注意，而他们也会陪我玩，或是拿我最爱吃的零食来喂我，但后来主人的态度突然变了，总是会攻击我、打我，为什么主人这么可怕？我搞不清楚为什么他会攻击我？

在这个家里，我每天困在屋里生活，感觉非常紧张，又要面对生活中经常发生的威胁，无处可躲。有好几次我趁主人开门的时候想要往外冲，但总是被挡了下来。

现在我觉得抢先发动攻击是最能够自我保护的方式，可以逼主人退开，让他们不敢接近我。

行为专家告诉你

体罚猫咪的结果是可怕的，因为那有可能造成猫咪一辈子的阴影。

白白最初咬人手脚的举动，是因为它不知道该怎么与人互动，如果在当时能够立刻针对互动问题，培养白白与主人的正确互动方式，就可以解决问题。

但因为饲主的不理解，对白白进行了各种体罚，于是问题就演变成白白为了保护自己而对主人发动攻击，这种攻击行为和经验是一辈子不可能被消除的，只能借由重新修补关系来让白白恢复平静，但它无法再变回一只无忧无虑的快乐猫咪。

被体罚过的白白对于饲主用来处罚它的手和脚有阴影，有时候饲主只是将手举高或是想要靠近抚摸它，白白也立刻会联想到之前被体罚的记忆，于是本能地发动攻击回应。

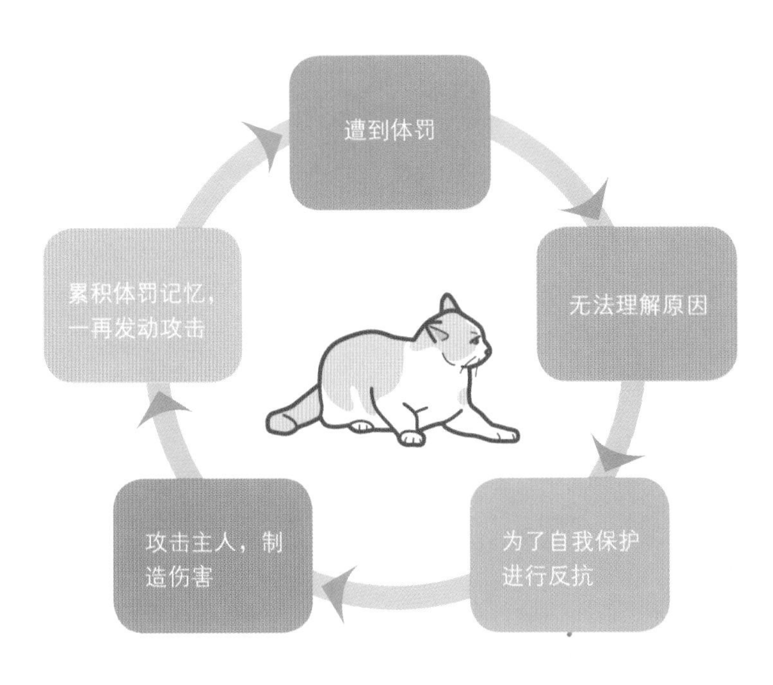

猫咪遭遇体罚后的恶性循环

很多饲主经常在猫咪做了不被允许的事情时，用体罚、怒骂或是吓阻的方式，试图控制猫咪的行为。但这种方式，反而会让猫咪发现生活环境中的威胁。猫咪未必能够理解饲主为什么要体罚，且它可能把体罚与地点、人物或是附近任何物品关联起来，长此以往让猫咪处于紧张状态，缺乏安全感，很快就造成人猫关系紧张，恶性循环。

按部就班，解决行为问题

1. 立刻停止所有体罚、怒骂、吓阻，让白白不用每天面对这些刺激，减少无法控制地发动攻击的机会。

2. 调整环境，在室内空间中增设猫咪可以活动的第一路线，将容易发生冲突的地点改成第二路线，并新增几个高处的休息区，让白白有能够安心独处的环境。

3. 待白白情绪恢复到较为放松的状态后，开始进行远距离游戏，慢慢将人猫之间的距离缩短。

4. 将原本体罚白白的手势，建立一个新的意义，例如高举手丢出零食，渐渐降低白白的敌意。

当猫咪犯错时，该如何惩罚或警告它

无论是何种惩罚方式我都抱持反对意见，原因非常简单，惩罚不但无法教会猫咪，还会造成其他严重后果。最后，问题没有得以解决，反而可能衍生更多行为问题。例如：猫咪在床上尿尿，惩罚的后果经常是让它换其他地方尿尿，不是因为报复，而是因为它怀着压力到处尝试。

另外，惩罚或警告会造成人猫关系破裂，甚至有可能造成猫咪攻击问题。

当猫咪犯错时，找出问题根源才是解决之道。

解决猫咪“疯狂嚎叫”的问题

主人这么说

弯弯是一只一岁大的米克斯猫。它的叫声令人非常困扰，已经造成了大家生活上的不便。

我住在公寓五楼，每天晚上回家时，在一楼就能听到弯弯在大声嚎叫，即使我开门进屋后好言安抚，它也不肯停止。我给足了食物和水，也清理了猫砂盆，但弯弯依然断断续续叫个不停。一旦我进入厕所，弯弯就会在厕所门外用力大叫，还越叫越大声。我实在不知道该怎么回应弯弯的喵叫，也看不出它到底需要什么，我到底该怎么做，才能让它知道我不喜欢它这样叫呢？

弯弯这么说

我叫是因为想要主人理会我啊！平常白天只有我一只猫在家，好无聊，只能睡觉发呆，好不容易主人回来，我一听到主人的脚步声就好高兴。

主人很忙，我必须大声叫喊，才能吸引他的注意力。每当我大声喵叫，主人就会注意我。有时候他会丢给我玩具或喂我零食，这都是因为我大叫的缘故。如果我不叫，他就不会在意我。

主人有时候会把自己关在厕所里，但是只要我一直叫一直叫，他就会出来了！我得把他叫出来陪我玩！

行为专家告诉你

在这个案例中，弯弯是一只擅长用喵叫声来表达的猫咪，它在与主人相处的过程中，学习到用叫声可以引起注意、达到目的，久而久之就习惯性地不断叫个不停。

这个家中，单调的环境是导致问题发生的主因。虽然屋里留有食物和水，但是空荡荡的家里没有设置可以让猫咪看风景的对外窗，另外主人回家的时间也不定时，没能规律地与弯弯互动，所以弯弯只好不断地用叫声企图寻求主人的关注。

按部就班，解决行为问题

1. 在窗边设置跳台，让弯弯可以在白天的时候在窗边吹吹风，看看落叶、飞过的小鸟和户外的其他动静。
2. 固定时间游戏，每次约为15分钟，利用逗猫棒让弯弯跳上跳下，排解它的无聊。
3. 家中可以添置益智类的漏食玩具，让弯弯可以在主人不在家的时候动动手也动动脑以获得食物。
4. 饲主可以在弯弯没有叫的时候多给予关注，通过抚摸或是给予食物奖励，让弯弯发现即使它不叫，也能得到渴望的注意。

为什么猫咪老是挡在电脑或电视前面

猫咪不是想要阻止你打电脑或是玩手机，它只是想到你面前“刷存在感”，因为这么做是最有效引起你注意的方法。如果你的猫这么做，或许表示你没意识到自己已经玩了很久的手机、看了很久的电视，忽略了猫咪，而猫咪想要告诉你它好无聊！

猫咪小常识

解决猫咪
“尿在猫砂盆外”的问题

主人这么说

妞妞已经七岁了，一直都有乱尿尿的问题。它专门尿在名牌包、沙发、地毯，还有手机上，到底为什么妞妞这么“聪明”，专门挑昂贵的东西尿呢？

家里还有另外一只猫，它上厕所就很乖，没有乱尿尿的问题，平常还会管教妞妞。

到底妞妞是不是有什么地方不满？还是它们两个感情不好，所以妞妞不愿意上另外一只猫用过的厕所呢？

妞妞这么说

主人把猫砂盆放在阳台区，但我很怕阳台，那里曾经发生让我觉得不舒服的事情，我不想去阳台上厕所。

而且主人用的猫砂有香味，我觉得好刺鼻，最不能接受这种味道了！看来还是在沙发上和地毯上尿尿比较安心，味道也比较熟悉。

行为专家告诉你

经过观察发现，妞妞的主要活动范围都在客厅里，几乎不愿意靠近阳台，更别说是去阳台上厕所了。这有可能是通往阳台的动线及出入口出现过不良的问题，导致对妞妞来说，阳台是一个它不愿接近的地点。

再加上家里的猫砂盆数量只有一个，妞妞必须与另外一只猫共用，清洁度不是很理想。在这种的状况下，猫咪自然会去另寻其他满意的位置来上厕所。

妞妞并不知道什么是贵重物品，可能是因为饲主将贵重物品摆放在猫咪愿意上厕所的地方，造成了误会。

主人担心的猫咪感情不好导致乱尿尿的问题，在这个案例中并不存在。其实，猫咪之间即便感情非常要好，也不能代表它们彼此能接受对方使用过、清洁度不佳的猫砂盆。

按部就班，解决行为问题

1. 更换一款较舒适的猫砂。

2. 新增一个猫砂盆，放在客厅，而非原本的阳台。

3. 考虑到另外一只猫咪已经习惯阳台区的厕所，使用情况良好，因此保留阳台区原本的猫砂盆。

4. 维持猫砂盆最佳的清洁度。

5. 矫正期间，将原本会刺激妞妞去尿尿的物品（如残留味道的地毯或物品）收好，待状况稳定后再恢复存放位置，将不会再发生乱尿尿的问题。

猫咪受到惊吓（如鞭炮声），该怎么处理

猫咪面临害怕的事情，会寻找藏身之处躲起来，只要让猫咪有躲好藏好的地点就可以了，不需要刻意安抚，也不需要去探望它，或者把它拉出来抱它、安慰它。请装作完全不知情的样子，不去注意猫咪躲到哪里去，这样才能能让猫咪认为自己拥有绝佳的藏身之处，增强它的安全感。等猫咪心情恢复、感觉安全了，就会自然出现。

猫咪小常识

解决猫咪“焦虑喷尿”的问题

主人这么说

圆仔是从一个多月大的时候就开始被饲养的猫，现在已经四岁了。前阵子它尿中带血，还在家里到处喷尿，医生检查后没有发现生理上的疾病，于是没有做治疗。过了一阵子血尿是消失了，但喷尿的问题仍然严重，为了避免它满屋乱尿，我们用了大家建议的方法——关笼处罚。

虽然很不忍心一直关着它，但一放出来它就会无止尽地喷尿，电脑、包包、塑料袋、纸箱，无一幸免。我们觉得这是与最近家里有两只新猫成员加入有关，但奇怪的是，圆仔一开始并没有喷尿，而是新猫入住一个月后才开始有这种情况。我们也尝试过用猫咪信息素或安稳项圈、猫草等，但似乎没有任何帮助。

圆仔这么说

以前这个家里只有我一只猫，爱去哪里活动都不受限，但最近来了两只新猫，我因此被隔离在房间里。房里面很无聊，只能睡觉、吃饭和上厕所，但我还有其他生活需求！

对于新来的陌生猫咪，我决定用尿液来告诉它们，哪些东西是属于我的！

行为专家告诉你

经过观察，我发现圆仔同时有两个问题，一个是“焦虑喷尿”，而另一个则是“不在便盆里上厕所”，其中以焦虑喷尿的表现最为明显。

猫咪承受压力的时候身体会出现各种反应，血尿也是其中之一，但其他生理疾病也会有血尿的反应，所以为了确保圆仔的身体状况，必须先让兽医师详细诊断。经过诊疗之后我们发现，圆仔虽然血尿，却没有任何生理疾病的迹象，这就表示这纯属压力导致的。

依照主人的叙述，圆仔的喷尿情况的确与家中新来的两只猫咪有直接关系，圆仔觉得它必须夺回环境资源的所有权，于是用喷尿的方式来表现。

关笼无法解决猫咪的任何问题，只是便于主人清理。而关笼的圆仔在重获自由后，立刻出现了类似强迫症的行为：它在房间内依照相同的路线行走，并且不停喷尿，无法被中断或是转移注意力，持续将近五个小时之久。幸好在后续配合其他方面调整之后，才渐渐恢复正常。

按部就班，解决行为问题

1. 永远不再关笼（采用房间为单位的进行隔离），把圆仔的活动空间扩大，并且提供对外窗给猫咪观赏。

2. 暂时与同住的猫咪避免任何接触，降低圆仔的压力。

3. 将绝对不能被尿的东西用塑料袋套好，例如电脑主机等物，避免“灾情”扩大。

4. 请在圆仔活动的空间里，准备足够的猫抓板及猫咪喜欢的布类，并安排在适当的位置，让它能够尽情使用，发泄压力。

5. 当圆仔喷尿的状况消失后，再视情况让它与新猫咪们在吃饭或游戏的状况下重新认识彼此。

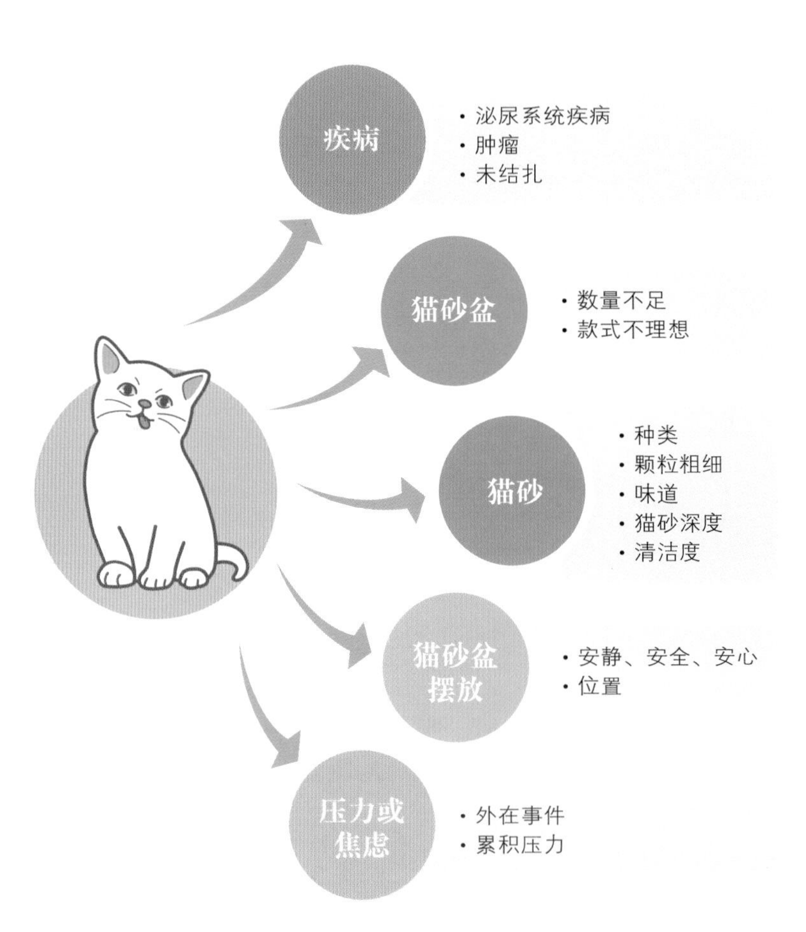

常见影响猫咪乱尿的原因

解决猫咪“乱尿家具”的问题

主人这么说

阿福是一只米克斯混苏格兰折耳公猫，已绝育，三岁。它平常很乖，但有一次我出差五天回来之后，阿福就不愿意在便盆里上大号，取而代之的是在沙发、床铺、便盆外面和附近解决。因为阿福有胃肠道寄生虫，所以从小排便次数就比较多，一天3~5次。

这种状况起初两三天发生一次，虽然经过一个月的管教，却没有改善，反而越来越严重，现在每天都如此。有好几次刚好被我看到，我大声责骂它，故意拍手吓它，推它离开，然而不但没有改善问题，反而吓到了它。阿福以前跟我非常亲近，现在看到我要伸手

摸它，它就拼命闪躲，非常害怕，我该怎么办呢？

阿福这么说

我一天需要3~5次排便、4~5次排尿，但主人只给我准备了一个猫砂盆，完全不够用！

有一次主人不在家，我发现在沙发上厕所的舒适度比在猫砂盆里还要好，于是后来几乎都选择在沙发上排便。但主人见到这种情况就大呼小叫，所以我改到床上去解决，但主人还是很生气，我于是又尝试寻找了与沙发差不多的地方当厕所……

行为专家告诉你

猫砂盆的清洁度不佳，是导致阿福开始寻找在猫砂盆之外的其他地方排便的主因。虽然主人出差的时候请友人代为清理，但可能因为清洁方式和清洁度的不同，阿福便“另辟蹊径”。即使主人已经回家，但阿福已经发现，在其他地方上厕所的经验远比在猫砂盆里更美好，所以后来它总是选择沙发、床铺等处排泄，而较少使用便盆。

另外，一般猫咪的排便次数为每天1~2次，不过因为阿福的肠胃较弱，故猫砂盆的使用频率也比一般猫咪高。根据主人不在家的时间和阿福使用的次数，家里只有一个便盆是不够的。有些猫咪习惯在一处猫砂盆排尿后，另寻第二处猫砂盆排便，这是正常的行为。

至于猫咪和主人的关系疏离，和主人大声斥责、体罚有绝对的关系。

按部就班，解决行为问题

1. 新增一个便盆，保持便盆清洁度。

2. 停止所有制止和处罚行为。压制的行为不能解决阿福的问题，还可能把问题复杂化。

3. 将原本的水晶砂替换为吸臭效果较好的凝结松木猫砂，不添加其他除臭或芳香剂。

4. 尽快找出造成阿福软便的食物，以明确是否为生理上的不舒服造成阿福不愿意使用猫砂盆。

5. 调整喂食时间和份量，将排便的时间尽量调整到主人在家的时段，这样一来可以确保主人有时间清洁猫砂盆，避免主人不在家的时候，阿福频繁使用猫砂盆却无人清洁。

解决猫咪“焦躁舔毛”的问题

主人这么说

我们家一共有五个成员，爸爸、妈妈、两个兄弟与我，还有一只猫叫呜咪。呜咪是只黑猫，目前两岁，前几个月开始发现它一直在舔肚子和大腿，掉毛非常明显。虽然请兽医师检查过皮肤，也给它吃了几次药，更换过医院治疗，但是状况仍然没有改善。想知道呜咪到底是因为什么才会把毛都舔掉了呢？

呜咪这么说

我好害怕，因为在这个家里我经常被主人从餐桌、柜子、椅子上抓起来。我很不喜欢被抓起的感觉，因为每一次被抓到，他们都会对我做一些可怕的事情，像是剪指甲、清耳朵、去医院，还经常被不舒服地摸来摸去。

以前我会在哥哥腿上睡觉，但是每次醒来要离开的时候，他都会抱住我，不让我走，所以现在我不喜欢靠近哥哥了。另外，有时候我经过弟弟身边，总会被他吓到，因为他经常伸手拍我的屁股或抓我的尾巴……这些动作都让我好害怕，虽然我努力闪避，但常常没能逃掉。

我天生胆子比较小，对于这些状况不知道该怎么办。而且我也已经很久没有狩猎了，没有信心能够保护自己。

行为专家告诉你

这是一个典型的猫咪承受过多压力从而反应在行为上的案例。从主人的观点来看，他们很关心猫咪，但从猫咪的角度来看，那些亲密的动作，如抓抱、轻拍屁股或抓尾巴，都造成了呜咪的压力。

和人想象的不一样，猫咪的压力有可能来自于生活中的任何一个环节，包括与同住的成员之间相处是否融洽，或是环境是否能够让猫咪自在等。且这些细节算不算是压力来源，必须以猫咪的感受为判断标准。

在处理这个案例时，我通过观察发现呜咪最大的压力来自于人类手部的碰触，原因可能是它平日的碰触经验不佳，而累积了太多负面的阴影，譬如因为不让猫咪上餐桌，所以反复地将呜咪从桌上抓下来，或是家人们突然从背后触摸呜咪、力道不对的轻拍……这些小动作造成呜咪必须时时刻刻提高警觉，必要时随时窜逃，以避开不喜欢的事情。

另外，我们还发现呜咪很喜欢看窗外的小鸟，但因为它抓不到鸟，无法狩猎，平时又缺乏与主人的游戏互动，因此只好借由理毛来宣泄压力。

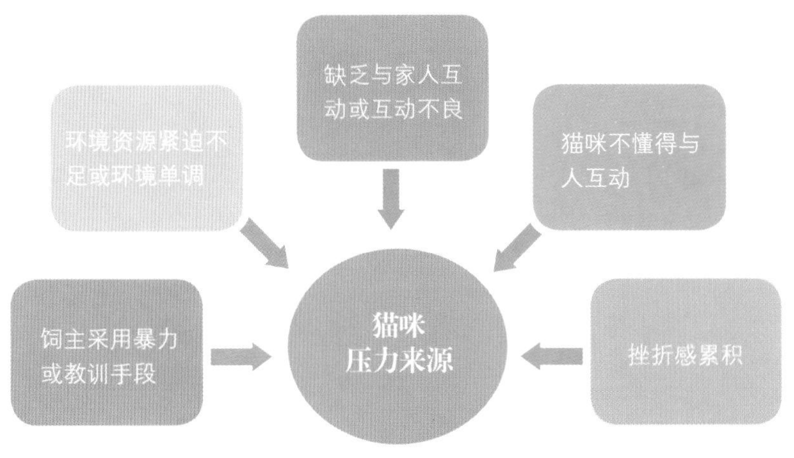

猫咪压力来源的主因

按部就班，解决行为问题

1. 每天定时与鸣咪游戏，让鸣咪可以通过与主人的正确互动，重新建立与主人的相处关系。

2. 找出鸣咪的压力来源，如它不喜欢手部触碰，就尽量避免突然触碰以及任何让鸣咪反感的手部行为。

3. 试着用手蘸取湿食，引诱鸣咪主动接近，让鸣咪通过舔食手指的方式，建立它对于人手的新认识。

4. 如果不希望鸣咪去某些地方，如桌子或椅柜上，请采用引导的方式让鸣咪下来，并安排其他能够跳跃或活动的地点，让鸣咪有多种选择。

5. 建议饲主学习与猫咪接触的方法，尽量让每一次与鸣咪的接触都是它良好的记忆。

解决小猫“过动骚扰”的问题

主人这么说

家里养了一只新猫，是九个月大的米克斯小橘猫Ohoh，此外家里还有另外两只成猫。Ohoh来家里后，虽然经过了一个星期的隔离，但它单独在房间里时总是叫个不停。后来，Ohoh放出来与两只旧猫见面，但每次它与其他猫对上，就猛追着其中一只猫哥哥咬个不停！猫哥哥被攻击得很生气，不停哈气、哀哀叫、到处窜逃，两只猫总是扭打成一团，几乎无法好好相处。我担心Ohoh与猫哥哥不合，造成猫哥哥的压力，该怎么办呢？

Ohoh这么说

自从被捡到之后，我一直住在笼子里面，好不容易到了新家，终于可以出来找玩伴了！我逐渐长大了，该学习狩猎技巧啦，如果这个年纪不加紧练习，以后我要怎么保护自己呢？

家里有两只猫哥哥，其中一个我特别喜欢。我总是邀请哥哥来陪我练习，但它常常大叫着逃跑！我觉得它是在扮演猎物，让我去追捕它。在狩猎游戏里能够扮演胜利者，真令我开心啊！

行为专家告诉你

经过观察，我发现主人担心的问题其实并没有发生，猫咪之间互动的时候并没有受伤，也不是因为个性冲突或是争夺地盘造成的攻击，所以无关压力或是新、旧猫不合的问题。

两只成猫的行为及生活，并没有因为Ohoh的到来而改变。大猫咪之所以对着Ohoh哈气，是单纯警告“你不要离我太近”，“走开！我没有想要与你互动”。

至于Ohoh对哥哥的突袭行动，是幼猫精力旺盛所造成的。

因为主人上班的时候，Ohoh几乎都在房间里休息，再加上它年纪还很小，精力十足，生活又太无聊，所以一碰上大猫们就展开狩猎游戏。

按部就班，解决行为问题

1. 在猫咪们放风见面时，利用羽毛逗猫棒吸引Ohoh注意、玩耍，并用纸箱、猫隧道等物品增加游戏的难度。

2. 添设一座四层高的猫跳台，让Ohoh跳上跳下，比在平面活动时可多消耗三倍体力。

3. Ohoh叫个不停是因为它总被关在小房间里限制行动，希望有人注意到自己。要解决这个问题，只需要固定时间游戏就行了，不需要特别处理。

4. 在客厅新增三个高处位置，每个位置的面积只能容纳一只猫，让猫哥哥可以选择在最佳防守地点待着，减少猫哥哥在地面时成为Ohoh狩猎目标的机会。

解决多猫家庭“无法共处”的问题

主人这么说

家里一共养了三只猫，不知道为什么，其中的两只猫——晶晶和糖糖总是打架，晶晶每次见到糖糖就非得动粗不可。

我们以前住的房子有170平方米，后来搬到仅40平方米的楼中楼，不管房子大小、楼层多寡，猫咪打架的状况都一样。虽说它们很少受伤，但很希望能够找到方法让三只猫和睦相处。

晶晶这么说

我需要能够单独休息的地方，也最喜欢楼梯下方转角的柜子顶，那里视野好，位置又舒适，所以我大部分时间都在这里。但糖糖经常靠近，侵入我休息的区域。它每次出现，我都得挥拳把它打走，以免它占了我的好地方。

其实，我也不想打来打去，但家里通道狭窄，除了暴打糖糖，我想不到有别的办法来保护我喜欢的东西。另外，家里只有一个猫厕所，如果糖糖使

用了那个厕所，厕所就脏了，我只好去床上上厕所！所以，如果糖糖靠近猫砂盆，我就得动手把它赶走。

糖糖这么说

我其实非常怕打架，每次只能逃到角落，无路可走。晶晶不喜欢我靠近它，有时候我只是路过而已，它就对我挥拳，吓得我只能落荒而逃。这种情况每天都要发生3~5次。这个家上上下下都没有其他的道路可以走，也没有什么好地方可以躲藏，我经常找不到能够安心休息的地方，不管在哪里都会碰上晶晶。因为我打不赢它，所以最后只能躲在柜子底下睡觉，那里似乎比较不会被人发现。

行为专家告诉你

在这个案例中，主人总觉得两只猫是因为不合而打架，但其实晶晶与糖糖是典型的争夺资源。一旦能够妥善解决资源问题，满足两只猫的需求，问题就迎刃而解。

猫咪对于自己在意的东西，一旦数量不足或是与同伴关系不够好，就不愿分享。居家平面的空间大小固然重要，但如果没有妥善安排资源，同住的猫咪彼此分配无法达到平衡，就会发生争夺。

饲主经常有一种奇怪的观念，觉得可以居中干涉，教导猫咪如何分配资源。例如告诉猫咪，哪个猫床是哪只猫所拥有的。对此猫是完全不能理解的。

猫咪就像人一样，各有喜好，因此在处理纠纷之前，我们必须先观察家中每一只猫咪最在意的东西，有可能是食物也有可能是休息区。针对所需，增加数量之后，猫咪之间会自己找到平衡点。

按部就班，解决行为问题

1. 记录所有打架地点，并丰富现有环境的资源，例如在窗边新增跳台或吊床。

2. 当猫咪打架的时候，最好的方式不是立刻扑上去制止，或强行将猫咪抱走、带开，而是用纸板隔离猫咪的视线。失去目标，猫咪自然会停止打架。

3. 将猫砂盆增加到三个（或以上），并且注意清洁的时间点，尽量保持猫砂盆的清洁度。

4. 在这则案例中，晶晶还有尿在床上的问题。增加猫砂盆并保持清洁后，如果晶晶尿在床上的问题解除，应该重新开放卧室空间，避免室内活动空间不足产生问题。

买了新猫跳台或猫窝，但猫咪却不肯用，怎么办

1. 先将跳台或猫窝变换位置，跳台建议安置在窗边，猫窝可以多更换几个地点来尝试。

2. 如果猫咪几乎不使用，请确认猫窝本身的大小和材质，是否不符合猫咪需求。

3. 观察附近是否有猫咪经常使用的猫窝或跳台。猫咪会优先选择自己最喜爱、最习惯的那一个使用，建议将两物移换位置，拉开距离。

解决高冷猫“不亲人”的问题

主人这么说

巧虎是领养来的米克斯猫，刚开始非常怕人，养了半年后才建立了感情。但我们始终摸不到它，唯一可以摸到的机会，是趁巧虎吃饭的时候边吃边摸，但是后来也没有因此拉近距离。

目前，巧虎总和我们保持距离，它走路经过我们时会刻意避开，也不肯在我们旁边睡觉或是休息，所以越来越难摸到它，更别提剪指甲了！

巧虎这么说

以前在外流浪，对人有许多不好的记忆。后来有人抓住我，带我去了一个叫做医院的地方，那里有很多不认识的猫猫狗狗，都是被抓来的。我不知道这些人打算要对我做什么，我只记得只要被人抓住，怎么挣扎都没用……人的手好可怕啊，我忘不了那样的遭遇，所以决定跟任何人类都要保持距离！

行为专家告诉你

原本在外面流浪的猫咪，可能很少有正常与人类接触的学习经验，经常有的都是一些“被抓起”“受伤害”之类的体验，所以它们很容易建立起“人手很危险”的印象，即便能够接受人类近距离喂食，或是自己愿意主动靠近、磨蹭、讨食的野猫，也不代表可以接受被人抓起。因为在猫咪的逻辑里，“主动磨蹭”和“被抱”是两件截然不同的事情。

巧虎对人手的害怕是强烈的，因此无法借由边吃边被摸的过程消除对人手的恐惧。

按部就班，解决行为问题

1. 首先，必须降低巧虎对主人的戒心，请主人暂时完全忽略巧虎的存在，不主动给予肢体互动，但给予足够的喂食，让巧虎不用担心会有人靠近。这个空档可以让巧虎通过自身观察去学习：这个家里没有人会抓我。
2. 每日固定时间进行游戏，借由狩猎游戏提升它的自信心，让猫咪在面对事情时不会优先选择逃走。
3. 在住家空间中，增加高处环境，使巧虎可以通过走地面上的高处通道、路线，增加内心安全感。并且通过位在高处，偶尔与主人上下接近的距离感，学习到即使与人靠近些，也不会发生令它担心害怕的问题。
4. 在不勉强的情况下，尝试使用手指给予巧虎湿粮食（如肉泥之类），使巧虎可以轻舔饲主的手指，让它重新建立对人手的认识。

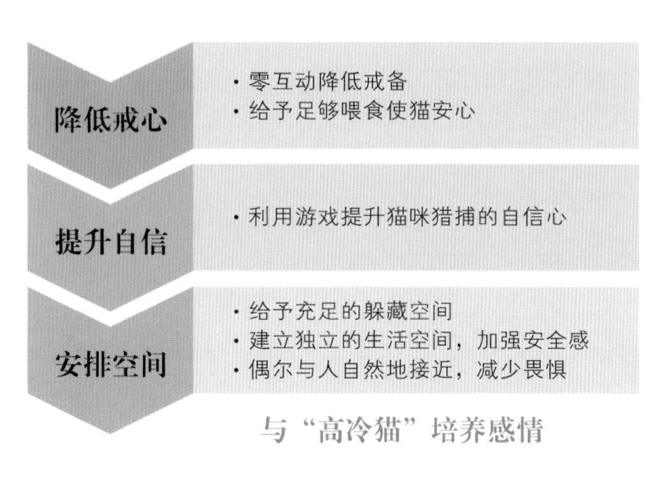

与“高冷猫”培养感情

著作权登记号：图字：13-2018-091

图书在版编目（CIP）数据

全图解猫咪行为学 / 单熙汝著 . —福州：福建科学技术出版社，2020. 1
ISBN 978-7-5335-5937-3

Ⅰ . ①全… Ⅱ . ①单… Ⅲ . ①猫－动物行为－图解 Ⅳ . ① S829.3-64

中国版本图书馆 CIP 数据核字（2019）第 141994 号

书　　名　全图解猫咪行为学
著　　者　单熙汝
出版发行　福建科学技术出版社
社　　址　福州市东水路76号（邮编350001）
网　　址　www.fjstp.com
经　　销　福建新华发行（集团）有限责任公司
印　　刷　福州德安彩色印刷有限公司
开　　本　700 毫米 ×1000 毫米　1/16
印　　张　11
图　　文　176 码
版　　次　2020 年 1 月第 1 版
印　　次　2020 年 1 月第 1 次印刷
书　　号　ISBN 978-7-5335-5937-3
定　　价　48.00 元
书中如有印装质量问题，可直接向本社调换